U0322667

高等职业教育"十二五"创新规划教材

高等职业教育项目化教学研究成果

传感器与检测技术

主　编　王秋鹏　王　玲

副主编　顾天胜　毕恩兴

主　审　代礼前

北京邮电大学出版社

www.buptpress.com

内 容 简 介

本书包括自动检测技术的基础知识、传感器原理与应用、过程检测仪表和自动检测中的共性技术及新进展几个部分的内容。第一部分介绍传感器与检测技术的基本概念、测量误差与数据处理以及传感器的静动态特性和标定方法。第二部分介绍电阻式传感器、压电式传感器、光电式传感器和霍尔式传感器、热电偶式传感器、光电传感器的工作原理与应用。第三部分介绍传感器的信号处理、传感器的信号处理。第四部分介绍传感器的接口电路、传感器的抗干扰技术与传感器的应用。

本书是根据目前项目教学法进行改革的配套教材,可以作为机械专业、自动化、电气工程及其自动化、测控技术与仪器等专业高职学生的教材,也可供相关领域的工程技术人员参考。

本书系统性强,内容上注重经典与现代的结合,目标上强调工程实践应用与创新能力的培养,具有良好的教学适宜性和可读性。

图书在版编目(CIP)数据

传感器与检测技术/王秋鹏,王玲主编. -- 北京:北京邮电大学出版社,2013.12

ISBN 978-7-5635-3728-0

Ⅰ.①传… Ⅱ.①王… ②王… Ⅲ.①传感器-检测 Ⅳ.①TP212

中国版本图书馆 CIP 数据核字(2013)第 243623 号

书　　名：传感器与检测技术
主　　编：王秋鹏　王玲
责任编辑：满志文
出版发行：北京邮电大学出版社
社　　址：北京市海淀区西土城路 10 号(邮编:100876)
发 行 部：电话:010-62282185　传真:010-62283578
E-mail：publish@bupt.edu.cn
经　　销：各地新华书店
印　　刷：北京联兴华印刷厂
开　　本：787 mm×1 092 mm　1/16
印　　张：9.5
字　　数：246 千字
版　　次：2013 年 12 月第 1 版　2013 年 12 月第 1 次印刷

ISBN 978-7-5635-3728-0　　　　　　　　　　　　　　　　　　定　价:25.00 元

前　言

　　本书为高职高专的规划教材,本书编写的指导思想是:以培养学生的综合素质为基础,以能力为本位,把提高学生的职业能力作为首要任务,在保证学生必要的理论基础知识之上,以"用"为核心,突出实践性教学的特点,在保证本学科知识体系完整的情况下,紧跟传感器技术发展的方向,充分在课本上反映本学科的先进技术,又遵循高等技术工科应用型人才的培养模式,使本教材更加突出其实用性,符合培养应用型专科人才的要求。

　　本书努力反映传感器技术方面的新知识和新技术,删掉了一些陈旧传统的内容,为"四新"腾出了时间和空间,加大了对学生的创新意识和创新能力的培养,启发学生的创新意识,增强学生的发展后劲。

　　本书可以作为高等职业学校、高等专科学校、成人学校和民办高校机械制造专业、数控加工技术专业、机电一体化专业、电子技术专业、汽车制造、电气自动化、仪器仪表、计算机信息等专业方向的教材,也可以供生产、管理、运行及其他工程技术人员参考。

　　本书由西安铁路职业技术学院王秋鹏、王玲任主编,西安铁路职业技术学院顾天胜、毕恩兴任副主编。其中,项目一、项目二由王玲编写;项目三、项目四由顾天胜编写;项目五、项目六由毕恩兴编写;项目七、项目八、项目九由王秋鹏编写。全书由王秋鹏统稿。本书由代礼前副教授主审,他认真审阅了全书,并提出了宝贵意见,在此表示诚挚的谢意。

　　由于编者水平有限,书中不足之处敬请使用本书的师生们与读者批评指正,以便修订时改进,如读者在使用过程中有其他建议或意见,请将意见发往 wangqiupeng1984@163.com。

编　者

目　　录

项目一　传感器技术基础 ……………………………………………………… 1

　课题一　传感器的初步认识 …………………………………………………… 1

　课题二　传感器的定义和组成 ………………………………………………… 2

　课题三　传感器的分类 ………………………………………………………… 3

　课题四　传感器的发展趋势 …………………………………………………… 4

　　一、传感器需求的新动向 …………………………………………………… 4

　　二、传感器技术的发展趋势 ………………………………………………… 4

　课题五　传感器的命名和代号 ………………………………………………… 5

　　一、传感器的命名 …………………………………………………………… 5

　　二、传感器的代号 …………………………………………………………… 6

　课题六　传感器的特性 ………………………………………………………… 8

　　一、传感器的静态特性 ……………………………………………………… 8

　　二、传感器的动态特性 ……………………………………………………… 10

　　三、改善传感器性能的技术途径 …………………………………………… 11

　课题七　传感器的标定 ………………………………………………………… 12

　　一、传感器的静态标定 ……………………………………………………… 12

　　二、传感器的动态标定 ……………………………………………………… 13

项目二　压电式传感器 ………………………………………………………… 14

　课题一　压电效应和压电材料 ………………………………………………… 14

　　一、压电效应 ………………………………………………………………… 14

　　二、压电材料简介 …………………………………………………………… 14

　　三、石英晶体的压电特性 …………………………………………………… 15

　　四、压电陶瓷的压电现象 …………………………………………………… 17

　课题二　压电传感器的测量转换电路 ………………………………………… 18

　　一、压电元件的等效电路 …………………………………………………… 18

　　二、电荷放大器 ……………………………………………………………… 19

课题三　压电式传感器的应用 ……………………………………… 20

　　　一、压电式加速度传感器 …………………………………………… 21

　　　二、压电式测力传感器 ……………………………………………… 23

　　　三、压电式血压传感器 ……………………………………………… 24

　　　四、压电式流量计 …………………………………………………… 24

　　　五、高分子压电材料的应用 ………………………………………… 25

　　　六、集成压电式传感器 ……………………………………………… 26

项目三　霍尔传感器 …………………………………………………… 27

　　课题一　霍尔传感器的工作原理及特性 ………………………… 27

　　　一、工作原理 ………………………………………………………… 27

　　　二、特性参数 ………………………………………………………… 28

　　课题二　霍尔传感器的测量转换电路 …………………………… 29

　　　一、霍尔传感器的基本电路 ………………………………………… 29

　　　二、霍尔传感器的集成电路 ………………………………………… 30

　　　三、基本误差及补偿 ………………………………………………… 32

　　课题三　霍尔传感器的应用 ……………………………………… 35

　　　一、霍尔位移传感器 ………………………………………………… 35

　　　二、霍尔压力传感器 ………………………………………………… 35

　　　三、霍尔加速度传感器 ……………………………………………… 35

　　　四、霍尔转速传感器 ………………………………………………… 36

　　　五、霍尔计数器 ……………………………………………………… 36

项目四　热电偶传感器 ………………………………………………… 38

　　课题一　温度测量的基本概念 …………………………………… 38

　　　一、温度的基本概念 ………………………………………………… 38

　　　二、温标 ……………………………………………………………… 39

　　　三、温度测量及传感器分类 ………………………………………… 40

　　课题二　热电偶的基本原理 ……………………………………… 41

　　　一、热电偶的工作原理 ……………………………………………… 41

　　　二、热电偶的基本定律 ……………………………………………… 42

　　课题三　热电偶的材料、结构及种类 …………………………… 43

　　　一、热电偶的材料 …………………………………………………… 43

　　　二、热电偶的结构及种类 …………………………………………… 44

　　课题四　热电偶的应用 …………………………………………… 46

　　　一、管道温度的测量 ………………………………………………… 46

二、金属表面温度的测量 ……………………………………………… 46

三、热电堆在红外线探测器中的应用 ………………………………… 46

课题五　工程项目应用实例 …………………………………………… 47

一、课题的意义、来源及技术指标 …………………………………… 47

二、设计步骤 …………………………………………………………… 47

三、系统调试 …………………………………………………………… 50

四、误差原因分析 ……………………………………………………… 51

项目五　光电传感器 ………………………………………………………… 52

课题一　光电效应及光电元件 ………………………………………… 52

一、基于外光电效应的光电元件 ……………………………………… 52

二、基于内光电效应的光电元件 ……………………………………… 54

三、基于光生伏特效应的光电元件 …………………………………… 59

课题二　光电元件的基本应用电路 …………………………………… 61

一、光敏电阻的基本应用电路 ………………………………………… 61

二、光敏二管的基本应用电路 ………………………………………… 61

课题三　光纤传感器 …………………………………………………… 63

一、光纤传感器元件 …………………………………………………… 63

二、光纤的分类 ………………………………………………………… 65

三、光纤传感器的工作原理 …………………………………………… 65

四、光纤传感器的特点 ………………………………………………… 67

五、光纤传感器的应用举例 …………………………………………… 68

课题四　红外线传感器 ………………………………………………… 70

一、红外辐射 …………………………………………………………… 70

二、红外传感系统 ……………………………………………………… 70

三、热释电型红外线传感器 …………………………………………… 71

课题五　激光传感器 …………………………………………………… 73

一、激光的形成 ………………………………………………………… 73

三、激光检测技术的应用 ……………………………………………… 75

项目六　传感器信号的处理 ……………………………………………… 78

课题一　传感器输出信号的特点 ……………………………………… 78

课题二　调制与解调 …………………………………………………… 79

一、调制与解调的概念 ………………………………………………… 79

二、幅值调制与幅值解调 ……………………………………………… 80

三、频率调制与频率解调 ……………………………………………… 84

课题三　信号的放大电路 ……………………………………… 86

　　　一、高精度、低漂移运算放大器 ………………………………… 86

　　　二、高输入阻抗运算放大电路及仪表放大器 …………………… 87

　　　三、隔离放大器和隔离放大系统 ………………………………… 88

　　　四、程控增益放大器 ……………………………………………… 89

　　课题四　传感器信号的数字化 ………………………………… 90

　　　一、A/D 变换器 …………………………………………………… 90

　　　二、U/F 变换器 …………………………………………………… 95

项目七　传感器接口电路 ……………………………………… 98

　　课题一　传感器输出信号的特点和处理方法 ………………… 98

　　　一、输出信号的特点 ……………………………………………… 98

　　　二、输出信号的处理方法 ………………………………………… 99

　　课题二　单片机的总线和接口技术 …………………………… 99

　　　一、MCS-51 单片机的引脚定义 ………………………………… 100

　　　二、MCS-51 单片机的系统总线及接口技术 …………………… 101

　　课题三　A/ D 转换器的选择 …………………………………… 102

　　　一、A/D 转换器的性能指标 ……………………………………… 102

　　　二、A/D 转换器的选择 …………………………………………… 103

　　课题四　传感器与微型计算机的连接 ………………………… 103

　　课题五　多功能接口卡 ………………………………………… 104

　　　一、多功能接口卡的工作原理和电路结构 ……………………… 104

　　　二、模拟量输入部件 ……………………………………………… 105

　　　三、模拟量输出部件 ……………………………………………… 105

　　　四、可编程 D_1/D_0 电路 ………………………………………… 105

　　　五、可编程技术/定时器部件 …………………………………… 106

项目八　传感器的抗干扰技术 ……………………………… 107

　　课题一　噪声及防护 …………………………………………… 107

　　　一、机械骚扰 ……………………………………………………… 107

　　　二、温度及化学物质骚扰 ………………………………………… 109

　　　三、热骚扰 ………………………………………………………… 109

　　　四、固有噪声骚扰 ………………………………………………… 110

　　　五、电、磁噪声骚扰 ……………………………………………… 111

　　课题二　差模干扰和共模干扰 ………………………………… 111

　　　一、差模干扰 ……………………………………………………… 111

二、共模干扰 ……………………………………………………… 112

课题三　电磁兼容原理 ……………………………………………… 113

一、电磁兼容(EMC)概念 ………………………………………… 113

二、电磁干扰的来源 ……………………………………………… 114

三、电磁干扰的传播路径 ………………………………………… 114

项目九　传感器的应用 ……………………………………………… 121

课题一　基于虚拟仪器的检测系统 ……………………………… 121

一、虚拟仪器简介 ………………………………………………… 121

二、虚拟仪器的分类 ……………………………………………… 122

三、虚拟仪器的结构 ……………………………………………… 123

四、虚拟仪器的软件开发平台 …………………………………… 124

五、虚拟仪器技术的应用实例 …………………………………… 126

课题二　传感器在现代汽车中的应用 …………………………… 129

一、汽车结构及工作过程概括 …………………………………… 129

二、传感器在汽车运行中的作用 ………………………………… 129

课题三　传感器在数控机床上的应用 …………………………… 131

一、位置检测装置在进给控制中的应用 ………………………… 131

二、接近开关在刀架选刀控制中的应用 ………………………… 132

三、在自适应控制中的应用 ……………………………………… 132

四、自动保护 ……………………………………………………… 133

课题四　传感器在机器人中的应用 ……………………………… 133

一、机器人传感器的分类 ………………………………………… 133

二、触觉传感器 …………………………………………………… 134

三、其他类型的机器人传感器 …………………………………… 135

课题五　传感器在智能楼宇中的应用 …………………………… 136

一、空调系统的监控 ……………………………………………… 136

二、给排水系统 …………………………………………………… 137

三、火灾监视、控制系统 ………………………………………… 137

四、门禁、防盗系统 ……………………………………………… 137

五、电梯的运行管理 ……………………………………………… 138

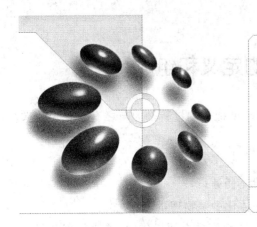

‖项目一 传感器技术基础‖

课题一　传感器的初步认识

人们为了从外界获取信息,需要依靠人的五种感觉器官(视、听、嗅、味、触)感觉外界信息。

在自动控制系统中,也需要获取外界信息,这些需要依靠传感器来完成。所以,传感器相当于人的五官部分("电五官")。

两者之间的关系如图 1-1 所示。

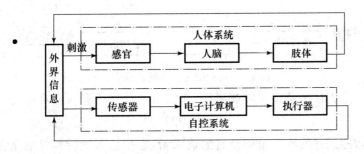

图 1-1　人体与自动系统的对应关系

另外,对于某些外界信息,人的感觉器官是不可以感觉的,如有毒的气体、过热的物体、紫外线和微波等;人的感觉器官无法定量地感觉外界信息……这些都需要依靠传感器来完成。可以说传感器是人类无关的延伸。

实际上传感器对我们来说并不陌生,在生活和生产中都可以看到它们的身影,如声光控节能开关中的光敏电阻、驻极体话筒和电视机遥控系统的红外接收器件等都是传感器。

传感器实际上是一种功能模块,其作用是将来自外界的各种信号转换成电信号,然后再利用后续装置或电路对此电信号进行处理。

课题二 传感器的定义和组成

从广义角度来讲,传感器是一种以一定的精确度把被测量转换为与之有确定对应关系的、便于应用的某种物理量的测量器件或装置。

这一定义包含了以下几方面的意思:

① 传感器是一种测量器件或装置,能完成检测任务;

② 它的输入量是某一被测量的量,在机电一体化中是物理量;

③ 它的输入量是便于应用的某种物理量;在各种信号中便于传输、转化处理和显示的信号莫过于电信号,所以在机电一体化系统中传感器量的输出采用电信号;

④ 输出量与输入量之间有对应关系,并且有一定精确度。

中华人民共和国国家标准(GB 665—1987)对传感器的定义也作了类同的阐述和规定,它对传感器的定义是:能感受规定的被测量并按照一定的规律转化成可用输出信号的器件或装置,通常由敏感元件和转换元件组成。其中敏感元件是指传感器中能直接感受或响应被测量的部分;转换元件是指传感器中能将敏感元件感受或响应的被测量转化成适于传输和测量的电信号部分。

上面这般叙述,不但给传感器下了个定义,同时还阐明了传感器的组成。但从广义来讲,典型的传感器一般由敏感元件、转换元件、转换电路三部分组成。典型组成框图如图 1-2 所示。

图 1-2 典型的传感器的组成

敏感元件:它是直接感受和响应被测量,并输出与被测量有一定对应关系的某一物理量的元件。

转换元件:敏感元件的输出量就是它的输入量,它把输入量转换成电路参数量。但这个电路参数量往往需经转换后,才能被后续电路所应用。

转换电路:它接受转换元件所转换成的电路参数量,并把它转换成后续电路所能应用的电信号。

如图 1-2 所示的传感器的组成,是一般典型传感器的组成框图。实际上,有些传感器很简单,有些则比较复杂。最简单的传感器只由一个敏感元件(兼转换元件)组成,它感受被测量时直接输出电量,如热电偶就是这样。两种不同材料 A 和 B,一端连接在一起,在被测温度 T 中,另一端与电位差计相接,温度为 T_0,则在回路中将产生一个与温度 T、T_0 有关的电动势,从而进行温度测量。另外一些传感器只需有敏感元件和转换元件组成,不需要转换电路,压电式加速度传感器就属于此类。其中,质量 m 是敏感元件,压电片是转换元件。

敏感元件与转换元件在结构上时常是装在一起的,转换电路为了减小外界的干扰和影响也希望和它们装在一起,转换电路常装在于测控箱内。尽管如此,由于不少传感器要在通常转换电路之后才能输出可用的电信号,从而决定了转换电路是传感器的组成部分之一。

课题三　传感器的分类

传感器技术涉及许多学科,它的分类方法很多,但在机电系统中常见的分类方法有两种,一种是按被测的物理量来分;另一种是按传感器的工作原理来分。

按被测物理量划分的传感器,常用的有:温度传感器;速度传感器、加速度传感器;压力传感器、位移传感器、流量传感器、液位传感器、力传感器、扭矩传感器等。

按照工作原理来分,可分为:

(1) 电学式传感器

电学式传感器是非电量电测技术当中应用较多的一种传感器,常用的有电阻式传感器、电容式传感器和电感式传感器,以及由此而派生出来的电触式、差动变压器、压磁式、容栅式、瓷电式等。

电阻式传感器是利用变阻器将被测非电量转换为电阻信号的原理制成,一般有电位器式、触点变阻式、电阻应变片以及压阻式传感器。

电容式传感器是利用改变电容的几何尺寸或改变介质的性质和含量,从而使电容量发生变化的原理制成。

电感式传感器是利用改变磁路几何尺寸、磁体位置来改变电感或互感的电感量的原理而制成。

磁电式传感器是利用电磁感应原理,把被测非电量转换成电量组成。

(2) 光电式传感器

它是利用光电器件的光电效应和光电原理制成,它在非电量测量中占有重要的地位,主要用于光强、唯一、转速等参数的测量。

(3) 热电式传感器

它是利用某些物质的热电效应制成,主要用于温度的测量。

(4) 压电式传感器

它是利用某些物质的压电效应制成,它是一种发电式的传感器,主要用于力加速度和振动等参数的测量。

（5）半导体式传感器

半导体式传感器是利用半导体的压阻效应、内光电效应、磁电效应等原理而制成，主要用于温度、湿度、压力、加速度、磁场等的测量。

（6）其他原理的传感器

有些传感器的工作原理具有两种以上原理的复合形式，如不少半导体式传感器就是几种不同原理传感器的复合形式。有的传感器不属于前5类，则可列入第6类。如微波式、射线式传感器，等等。

另外，根据传感器输出信号的形式，是模拟信号还是数字信号，也可分为模拟传感器和数字传感器。

课题四　传感器的发展趋势

传感器的发展趋势包括社会对传感器需求的新动向和传感器新技术的发展趋势这两个方面。

一、传感器需求的新动向

社会需求是传感器发展的强大动力。随着现代科学技术，特别是微电子技术和信息产业的飞速发展，以及计算机的普及，传感器在新的技术革命中的地位和作用将更为突出，一股竞相开发和应用传感器的热潮已在世界范围内掀起。原因有以下几点。

（1）"电五官"落后于计算机的现状，已成为微型计算机进一步开发和应用的一大障碍；

（2）许多有竞争力的新产品开发和卓有成效的技术改造，都离不开传感器；

（3）传感器的应用直接带来了明显的经济效益和社会效益；

（4）传感器普及社会各个领域，将形成良好的销售前景。

二、传感器技术的发展趋势

当前，传感器技术的主要发展动向，一是开展技术研究，发展新现象，开展传感器的新材料和新工艺；二是实现传感器的集成化和智能化。

1. 发展新现象，开发新材料

新现象、新原理、新材料是发展传感器技术、研究新型传感器的重要基础，每一种新原理、新材料的发现都会伴随着新的传感器种类诞生。

2. 集成化、多功能化

向敏感功能装置和集成化发展，将半导体集成电路技术及其开发思想应用于传感器制造。如采用微细加工技术 MEMS 制作微型传感器,采用厚膜和薄膜技术制作传感器等。

3. 向未开发的领域挑战

到目前为止,开发的传感器大多为物理传感器,今后应积极开发研究化学传感器和生物传感器,特别是智能机器人技术的发展,需要研制各种模拟人的感觉器官的传感器,如已有的机器人力觉传感器、触觉传感器和味觉传感器等。

4. 智能传感器,具有判断能力

学习能力的智能传感器事实上是一种带微处理器的传感器,它具有检测、判断和信息处理功能。

课题五　传感器的命名和代号

在 GB 7666—1987 中,国家标准规定了传感器的命名方法和代号,作为统一传感器命名和代号的依据。它适用于传感器的研究、开发、生产、销售和教学等相关领域。

一、传感器的命名

1. 命名的构成

传感器的名称由主题词加四级修饰语构成,包括:

(1) 主题词——传感器;

(2) 第一级修饰语——被测量,包括修饰被测量的定语;

(3) 第二级修饰语——转换原理,一般可后续以"式"字;

(4) 第三级修饰语——特征描述,指必须强调的传感器结构、性能、材料特征、敏感元件及其他必要的性能特征,一般可后续以"型"字;

(5) 第四级修饰语——主要技术指标(量程、精确度和灵敏度等)。

传感器命名构成及各级修饰语如表 1-1 所示。

2. 命名法的使用

(1) 题目中的用法。在有关传感器的统计表格、图书索引、检索以及计算机汉字处理等特殊场合,应采用上述顺序,如:传感器、位移、应变计式,100 mm。

(2) 正文中的用法。在技术文件、产品样本、学术论文、教材及书刊的陈述句子中,作为产品名称应采用与上述相反的顺序,如 100 mm 应变计式位移传感器。

表 1-1　传感器命名构成及各级修饰语举例一览表

主题词	第一级修饰语被测量	第二级修饰语转换原理	第三级修饰语特征描写	第四级修饰语主要技术指标	
				范围、量程精确度、灵敏度	单位
传感器	速度		直流输出		
	加速度		交流输出		
	加加速度	电位器	频率输出		
	冲击	电阻(式)	数字输出		
	振动	电流(式)	双输出		
	力	电感(式)	放大		
	重量(称重)	电容(式)	离散增量		
	压力	电涡流(式)	积分		
	声压	电热(式)	开关		
	力矩	电磁(式)	陀螺		
	姿态	电化学(式)	涡轮		
	位移	电离(式)	齿轮转子		
	液位	压电(式)	振动原件		
	流量	压阻(式)	波纹管		
	温度	应变计(式)	波登管		
	热流	谐振(式)	膜盒		
	热通量	伺服(式)	膜片		
	可见光	磁阻(式)	离子敏感 FET		
	照度	光电(式)	热丝		
	湿度	光化学(式)	半导体		
	黏度	光纤(式)	陶瓷		
	浊度	激光(式)	聚合物		
	离子活(浓)度	超声(式)	固体电解质		
	电流	(核)辐射(式)	自源		
	磁场	电热(式)	粘粘		
	马赫数	热释电(式)	非粘粘		
	射线		焊接		

二、传感器的代号

国家标准中规定,用大写汉语拼音字母和阿拉伯数字构成传感器完整的代号。包括 4 个部分,依次是:

（1）主称——传感器,代号 C;

（2）被测量——用一个或两个汉语拼音的第一个大写字母标记;

（3）转换原理——用一个或两个汉语拼音的第一个大写字母标记;

（4）序号——用一个阿拉伯数字标记，厂家自定，用来表征产品设计特性、性能参数和产品系列等。若产品性能参数不变，仅在局部有改动或变动时，其序号可在原序号后面顺序地加注大写字母 A、B、C 等（其中 I、Q 不用），如应变式位移传感器 CWY-YB-20；光纤压力传感器 CY-GQ-2。

常用被测量代码如表 1-2 所示，常用转换原理代码如表 1-3 所示。

表 1-2　常用被测量代码

被测量	代号	被测量	代号	被测量	代号	被测量	代号
加速度	A	角速度	JS	电流	DL	位置	WZ
加加速度	AA	角位移	JW	电场强度	DQ	应力	YL
亮度	AD	力	L	电压	DY	液位	YW
磁	C	露点	LD	色度	E	浊度	Z
冲击	CJ	力矩	LJ	谷氨酸	GA	振动	ZD
磁透率	CO	流量	Lλ	温度	H	紫外光	ZG
磁场强度	CQ	离子	LZ	照亮	HD	重量（稳重）	ZL
磁通量	CT	密度	M	红外光	HG	真空度	ZK
呼吸频率	HP	（气体）密度	(Q)M	离子活（浓）度	H(N)	噪声	ZS
转速	HS	（液体）密度	(Y)M	声压	SY	姿态	ZT
硬度	I	脉搏	MB	图像	TX	氢离子活（浓）度	(H)H(N)D
线加速度	IA	马赫数	MH	温度	W	钠离子活（浓）度	(Na)H(N)D
线速度	IS	表面粗糙度	MZ	（体）温	(T)W	氯离子活（浓）度	(CL)H(N)D
角度	J	黏度	N	物拉	WW	氧分压	(O)
角加速度	JA	扭矩	NJ	位移	WY	一氧化碳分压	(CO)
可见光	JG	厚度	O	热流	RL	水分	SF
烧灼厚度	SO	pH 值	(H)	速度	SY	射线剂量	SL
射线	SX	气体	Q	热通量	RT		

表 1-3　常用转换原理代码

转换原理	代号	转换原理	代号	转换原理	代号	转换原理	代号
电检	AJ	光发射	GS	感应	GY	涡街	WJ
变压器	BY	电位器	DW	霍尔	HE	微生物	WS
磁电	CD	电阻	DZ	晶体管	IG	涡轮	WU
催化	CH	热导	ED	激光	JG	粒子选择	XJ
场效应管	CU	浮子—干簧	FH	晶体振子	JZ	谐振	XZ
差压	CY	（核）辐射	FS	克拉克电滋	KC	应变	YB
磁阻	CZ	浮子	FZ	酶（式）	M	压电	YD

转换原理	代号	转换原理	代号	转换原理	代号	转换原理	代号
电磁	DC	光学式	GS	声表面波	MB	压阻	YZ
电导	DD	光电	GD	免疫	MY	折射	ZE
电感	DG	光伏	GF	热电	RD	阻抗	ZK
电化学	DH	光化学	GH	热释电	RH	转子	ZZ
单结	DJ	光导	GO	热电丝	RS		
电涡流	DO	光纤	GQ	（超声波）	SB		
超声多普勒	DP	电容	OR	伺服	SF		

课题六　传感器的特性

传感器所测量的被测量经常处在变动过程中。例如测量温度时,若温度恒定,传感器的输出值可能十分稳定;若遇到温度不恒定甚至出现突变时,传感器的输出值可能有缓慢起伏或者周期性脉动变化,甚至出现突变的尖峰值。传感器能否将这些被测量的变化不失真地变换成相应的电量,就需要考虑传感器本身的基本特性,及输出/输入特性。该基本特性通常用传感器的静态特性和动态特性来描述。

一、传感器的静态特性

静态特性表示传感器在被测量处于稳定状态(输入量为常量,或变化非常缓慢)时的输出/输入关系。通常用线性度、灵敏度、分辨率、重复性和迟滞等技术指标来描述传感器的静态特性。

1. 线性度

传感器的静态特性是在静态标准条件下,利用一定等级的校准设备对传感器进行往复循环测试,得出输出/输入特性(列表或曲线)。通常,希望这个特性(曲线)为线性,这给标定和数据处理带来方便。但实际的输出/输入特性或多或少地都存在着非线性问题,只能接近线性,对比理论直线有偏差,如图1-3所示。

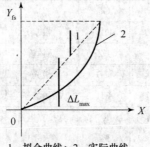

1—拟合曲线;2—实际曲线

图1-3　线性误差

实际曲线与其两个断电连线(拟合曲线)之间的偏差称为传感器的非线性误差。取其最大偏差与理论满量程之比作为评价线性度(或非线性误差)的指标。

$$e_{\mathrm{L}} = +-\Delta L_{\max} / Y_{\mathrm{fs}} \times 100\%$$

式中：$\Delta L_{\max}$——输出平均值与拟合直线间的最大偏差；

　　　Y_{fs}——理论满度值。

2. 迟滞

传感器在正向行程(输入量增大)、反向行程(输入量减小)中输出/输入曲线不重合称为迟滞,如图 1-4 所示。也就是说,对应于同一大小的输入信号,传感器的输出信号大小不相等。一般用两曲线之间输出量的最大差值 $\Delta H_{\max}$ 与满量程输出 Y_{fs} 的百分比来表示迟滞误差,即

$$e_{\mathrm{H}} = +-\Delta H_{\max} / Y_{\mathrm{fs}} \times 100\%$$

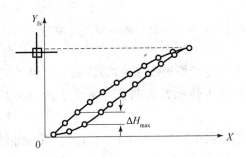

图 1-4　迟滞特性

式中：$\Delta H_{\max}$——正反行程间输出的最大差值；

　　　Y_{fs}——理论满度值。

产生迟滞的原因是传感器的机械部分、结构材料方面存在不可避免的弱点,如轴承摩擦和间隙等。

3. 重复性

重复性是指传感器的输入量按同一方向变化,作全量程连续多次测量时所得到的曲线不一致的程度。如图 1-5 所示为校正曲线的重复特性。

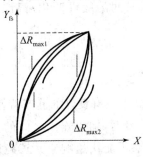

图 1-5　重复特性

正行程的最大重复性偏差为 ΔR_{max1}，反行程的最大重复性偏差为 ΔR_{max2}。重复性偏差取这两个偏差中之较大者为 ΔR_{max}，再以 ΔR_{max} 与满量程输出 Y_{fs} 的百分比表示，即

$$e_R = +-\Delta R_{max}/Y_{fs}\times100\%$$

4. 灵敏性

传感器输出的变化量 Δy 与引起该变化量的输入量变化 Δx 之比即为其静态灵敏度。表达式为：

$$K = \Delta y/\Delta x$$

即传感器的灵敏度就是校准曲线的斜率。

线性传感器特性曲线的斜率处处相同，灵敏度 K 是常数。以拟合直线作为其特性的传感器，也可认为其灵敏度为一常数，与输入量的大小无关。非线性传感器的灵敏度不是常数，应以 d_y/d_x 表示。

5. 分辨率和阈值

分辨率是指传感器能检测到的最小的输入增量。分辨力可用绝对值表示，也可用与满量程的百分数表示。

当一个传感器的输入从零开始极缓慢地增加，只有达到了某一最小值后，才能测出输出变化，这个最小值就称为传感器的阈值。事实上阈值是传感器在零点附近的分辨力。

分辨率说明了传感器可测出的最小可测出的输入变量，而阈值则说明了传感器的可测出的最小输入量。

6. 稳定值

稳定值有短期稳定性和长期稳定性之分。传感器常用长期稳定性描述其稳定性，它是指在室温条件下，经过相当长的时间间隔，如一天、一月、一年，传感器的输出与起始标定时的差异。通常又用其不稳定性来表征其输出的稳定程度。

7. 漂移

漂移指在一定时间间隔内，传感器输出量存在着与被测输入量无关的、不需要的变化。漂移包括零点漂移与灵敏度漂移。

零点漂移或灵敏度漂移又可分为时间漂移（时漂）和温度漂移（温漂）。时漂是指在规定条件下，零点或灵敏度随时间的缓慢变化；温漂为周围温度变化引起的零点或灵敏度漂移。

二、传感器的动态特性

在实际测量中，不仅要求传感器具有良好的静态特性，而且应具有良好的动态特性。动态特性是指传感器测量动态信号时，输出输入之间的关系。在动态测量时，由于被测量要随时间变化，此时传感器如果不能快速响应并正确地提取信号，测量工作就无法进行。例如，在做人体的心电图检查时，如果不能准确地将人体心脏随时间跳动的状况及

时检测出来并迅速打印,那么就不能为声音进行诊断提供依据。

动态特性好的传感器,其输出随时间的变化规律将高精度地反映输入量随时间的变化规律,即它们具有同一个时间函数。但是,除了理想情况外,实际传感器的输出信号与输入信号不会具有相同的时间函数,由此将引起动态误差。

动态特性常用阶跃响应和频率响应来描述。

三、改善传感器性能的技术途径

1. 传感器噪声及其减小措施

传感器噪声是指除了被测信号之外在传感器中出现的一切不需要的信号,它由传感器内部产生,也可从外部随信号混入。一般而言,噪声呈不规则的变化。

传感器内部产生的噪声包括敏感元件、转换元件和转换电路元件等产生的噪声以及电源产生的噪声。例如,光电真空管放射不规则电子,半导体载流子扩散等长生的噪声。降低原件的温度可减小热噪声,对电源变压器采用静电屏蔽可减小交流脉动噪声等。

从外部混入传感器的噪声,按其产生原因可分为机械噪声(振动,冲击)、音响噪声、热噪声(如热辐射使原件相对位移或性能变化)、电磁噪声和化学噪声等。对振动等机械噪声可采用防振台或将传感器固定在质量很大的基础台上加以抑制;而消除音响噪声的有效办法是把传感器用隔音材料围上或放在真空容器里;消除电磁噪声的有效办法是屏蔽和接地或使传感器远离电源线、使输出线屏蔽、输出线绞拧在一起等。

2. 改善传感器性能的技术途径

我们总是希望传感器的输出与输入成唯一的对应关系,最好是线性关系,但是一般情况下,输出与输入不会符合所要求的线性关系,同时由于存在着迟滞、蠕变和摩擦等因素的影响,使输出输入对应关系的唯一性也不能实现,因此外界的硬性不可忽视。影响程度取决于传感器本身,可通过传感器本身的改善来加以抑制,有时也可以对外界条件加以限制。

(1)结构、材料与参数的合理选择。根据实际的需要和可能,合理选择材料、结构设计传感器,确保主要指标,放弃对次要指标的要求,以求得到较高的性价比,同时满足使用要求,即使对于主要的参数也不能盲目追求高指标。

(2)差动技术。差动技术是非常有效的一种方法,如电阻应变式传感器、电感式传感器、电容式传感器中都应用了差动技术,不仅减小了非线性误差,而且灵敏度提高了一倍,抵消了共模误差。

(3)平均技术。常用的平均技术有误差平均和数据平均。常用多点测量方案与多次采样平均。

(4)稳定性处理。造成传感器性能不稳定的原因是随着时间的推移或环境条件的变化,构成传感器的各种材料与元器件性能将发生变化。为了提高传感器性能的稳定性,应该对材料、元器件或传感器整体进行必要的稳定性处理。使用传感器时,如果测量要求较高，必要时也应对附加的调整元件、后接电路的关键元器件进行防老化处理。

（5）屏蔽、隔离与干扰抑制。屏蔽、隔离与干扰抑制可以有效削弱或消除外界影响因素对传感器的作用。如对于电磁干扰，可以采用屏蔽、隔离措施，也可以用滤波等方法抑制。

（6）零位法、微差法与闭环技术。这些技术可供设计或应用传感器时，用以消除或削弱系统误差。

（7）补偿与校正。补偿与校正可以利用电子技术通过线路（硬件）来解决，也可以采用微型计算机通过软件来实现。

（8）集成化、智能化与信息融合。集成化、智能化与信息融合将大大扩大传感器的功能，改善传感器的性能，提高性价比。

课题七 传感器的标定

任何一种传感器在装配完后都必须按设计指标进行全面严格的性能鉴定。使用一段时间后（中国计量法规定一般为一年）或经过修理，也必须对主要技术指标进行校正试验，以确保传感器的各项性能指标达到要求。

传感器标定就是利用精确度一级的标准器具对传感器进行定度的过程，从而确立传感器输出量和输入量之间的对应关系，同时也确定不同使用条件下的误差关系。

为了保证各种被测量量值的一致性和准确性，很多国家都建立了一系列计量器具（包括传感器）检定的组织、规程和管理办法。我国由原国家计量局、中国计量科学研究院和部、省、市计量部门以及一些企业的计量站进行制定和实施。国家计量局（1989年后改为国家技术监督局）制定和发布了力值、长度、压力和温度等一系列计量器具规程，并于1985年9月公布了《中华人民共和国计量法》。

工程测量中传感器的标定，应在与其使用条件相似的环境下进行。为获得较高的标定精度，应将传感器及其配用的电缆（尤其是电容式和压电式传感器等）和放大器等测试系统一起标定。

根据系统的用途，输入可以是静态的也可以是动态的，因此传感器的标定有静态标定和动态标定两种。

一、传感器的静态标定

主要用于检验测试传感器的静态特性指标，如线性度、灵敏度、迟滞和重复性等。

根据传感器的功能，静态标定首先需要建立静态标定系统，其次要选择与被标定传感器的精度相适应的一定等级的标定用仪器设备。如图1-6所示为应变式测力传感器静态标定设备系统框图。

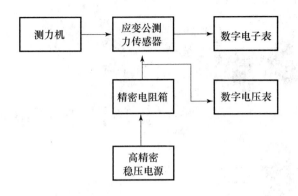

图 1-6 应变式测力传感器静态标定设备系统框图

测力机用来产生标准力,高精度稳压电源经精密电阻箱衰减后向传感器提供稳定的电源电压,电源电压值、传感器的输出由高精度数字电子表读出。

由上述系统可知,传感器的静态指标一般由以下几部分组成:

(1) 被测物理量标准发生器,如测力机;

(2) 被测物理量标准测试系统,如标准力传感器、压力传感器、标准长度——量规等;

(3) 被标定传感器所配接的信号调节器和显示、记录器等,所配接的仪器精度应是已知的,也作为标准测试设备。

各种传感器的标定方法不同,常用力、压力、位移传感器标定。

具体标定步骤如下:

(1) 将传感器测量范围分成若干等间距点;

(2) 根据传感器量程分点情况,输入量由小到大逐渐变化,并记录各输入输出值;

(3) 再将输入值由大到小逐渐变化,同时记录各输入输出值;

(4) 重复上述(2)、(3)两步,对传感器进行正反行程多次重复测量,将得到的测量数据用表格列出或绘制曲线;

(5) 进行测量数据处理,根据处理结果确定传感器的线性度、灵敏度、迟滞和重复性等静态特性指标。

二、传感器的动态标定

一些传感器除了静态特性必须满足要求外,其动态特性也需要满足要求。因此,在进行静态校准和标定后还需要动态标定,以便确定它们的动态灵敏、固有频率和频响范围等。

传感器进行动态标定时,需有一标准信号对它激励,常用的标准信号有两类:一类是周期函数,如正弦波等;另一类是瞬变函数,如阶跃波等。用标准信号激励后得到传感器的输出信号,经分析计算、数据处理,便可确定其频率特性,即幅频特性、阻尼和动态灵敏度等。

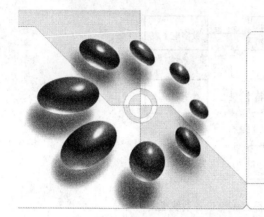

项目二 压电式传感器

压电式传感器是以某些物质的压电效应制作的一种传感器。当材料表面受力作用变形时，其表面会有电荷产生从而实现非电量测量。

课题一　压电效应和压电材料

一、压电效应

当某些物质沿其某一方向施加压力或拉力时，会产生变形，此时这种材料的两个表面将产生符号相反的电荷。当去掉外力后，它又重新回到不带电状态，这种现象被称为压电效应。有时人们又把这种机械能转变为电能的现象，称为"顺电压效应"。反之，在某些物质的极化方向上施加电场，它会产生机械变形，当去掉外加电场后，该物质的变形随之消失，把这种电能转变为机械能的现象，称为"逆压电效应"。具有压电效应的电介物质称为压电材料。在自然界中，大多数晶体都具有压电效应，然而大多数晶体的压电效应都十分微弱。随着对压电材料的深入研究，发现石英晶体、钛酸钡、锆钛酸铅等人造压电陶瓷是性能优良的压电材料。

二、压电材料简介

压电材料可以分为两大类，压电晶体和压电陶瓷。前者为晶体，后者为极化处理的多晶体。它们都具有较好特性，如压电常数高，机械性能优良（强度高，固有振荡频率稳定），时间稳定性和温度稳定性好等，是较理想的压电材料。

1. 压电晶体

常见压电晶体有天然和人造石英晶体。石英晶体，其化学成分为 SiO_2（二氧化硅），压电系数 $d_{11} = 2.31 \times 10^{-12}$ C/N。在几百度的温度范围内，其压电系数稳定不变，具有十

分稳定的固有频率 f_0，能承受 $7\sim10$ kPa 的压力，是理想的压电传感器的压电材料。

除了天然和人造石英压电材料外，还有水溶性压电晶体。它属于单斜晶系。例如酒石酸钾钠（$NaKC_4H_4O_6 \cdot 4H_2O$）、酒石酸乙烯二铵（$C_6H_4N_2O_6$）等，还有正方晶系如磷酸二氢氨（$NH_4H_2PO_4$），等等。

2. 压电陶瓷

压电陶瓷是人造多晶系压电材料。常用的压电陶瓷又钛酸钡、锆钛酸铅、铌酸盐系压电陶瓷。它们的压电常数比石英晶体高，如钛酸钡（$BaTiO_3$）压电系数 $d_{33} = 190 \times 10^{-12}$ C/N，但介电常数、机械性能不如石英好。由于它们品种多，性能各异，可根据它们各自的特点制作各种不同的压电传感器，这是一种很有发展前途的压电元件。

常用的压电材料的性能列于表 2-1。

表 2-1　常用压电材料性能

性能 ＼ 压电材料	石英	钛酸钡	锆钛酸铅 PZT－4	锆钛酸铅 PZT－5	锆钛酸铅 PZT－8
压点系数/pC·N^{-1}	$d_{11}=2.31$ $d_{14}=0.73$	$d_{15}=260$ $d_{31}=-78$ $d_{33}=190$	$d_{15}=260$ $d_{31}=-78$ $d_{33}=190$	$d_{15}=670$ $d_{31}=-100$ $d_{33}=230$	$d_{15}=330$ $d_{31}=-90$ $d_{33}=200$
相对介对常数 er	4.5	1 200	1 050	2 100	1 000
居里点温度/℃	573	115	310	260	300
密度/(10^3kg·m^{-3})	2.65	5.5	7.45	7.5	7.45
性模量/(10^9N·m^{-2})	80	110	83.3	117	123
机械品质因素	$10^5\sim10^6$		≥500	80	≥800
最大安全应力/(10^5N·m^{-2})	95~100	81	76	76	83
体积电阻力/(Ω·m)	$>10^{12}$	10^{10}(25℃)	$>10^{10}$	10^{11}(25℃)	
最高允许温度/℃	550	80	250	250	
最高允许湿度(%)	100	100	100	100	

三、石英晶体的压电特性

石英晶体是单晶体结构，其形状为六角形晶柱，两端呈六棱锥形状，如图 1-7 所示。石英晶体各个方向的特性是不同的。在三位直角坐标系中，z 轴被称为晶体的光轴。经过六棱柱棱线，垂直于光轴 z 的 x 轴称为电轴，把沿电轴 x 施加作用力后的电压效应称为纵向压电效应。垂直于光轴 z 和电轴 x 的 y 轴称为机械轴。把沿机械轴 y 方向的力作用下产生电荷的压电效应称为横向压电效应。沿光轴 z 方向施加作用力则不产生压电效应。

若从石英晶体上沿 y 方向切下一块如图 2-1(c)所示的晶体片，当在电轴 x 方向施加

作用力时,在与电轴(x)垂直的平面上将产生电荷q_x,其大小为

$$q_x = d_{11}F_x$$

式中:d_{11}为x轴方向受力的压电系数,单位为C/N;F_x为作用力,单位为N。

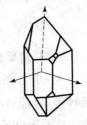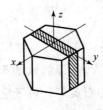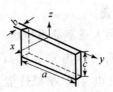

(a) 六棱形石英晶体　(b) z方向切平后的晶体　(c) y方向的晶体切换

图 2-1　石英晶体

若在同一切片上,沿机械轴y方向加作用力F_y,则仍在与x轴垂直的平面上将产生电荷,其大小为

$$q_y = d_{12}(a/b)F_y = -d_{11}(q/b)F_y$$

式中,d_{12}为y轴方向受力的压电系数,单位为C/N,因石英轴对称,所以$d_{12}=-d_{11}$;a、b为晶体片的长度和厚度,单位为mm。

电荷q_x和q_y的符号由受压力还是拉力决定。q_x的大小与晶体片几何尺寸无关,而q_y则与晶体片几何尺寸有关。

为了直观地了解石英晶体压电效应和各向异性的原因,将一个单元组体中构成石英晶体的硅离子和氧离子,在垂直于z轴的xy平面上的投影,等效为图2-2中的正六边形排列。图中"⊕"代表Si_4离子,"⊖"代表氧离子$2O_2$。

当石英晶体未受外力作用时,带有4个正电荷的硅离子和带有2×2个负电荷的氧离子正好分布在正六边形的顶角上,形成3个大小相等,互成120°夹角的电偶极矩P_1、P_2和P_3,如图2-2(a)所示。$P=ql$,q为电荷量,l为正、负电荷之间距离,电偶极矩方向从负电荷指向正电荷。此时,正、负电荷中心重合,电偶极矩的矢量和等于零,即$P_1+P_2+P_3=0$,电荷平衡,所以晶体表面不产生电荷,即呈中性。

当石英晶体受到沿x轴方向的压力作用时,将产生压缩变形,正、负离子的相对位置随之变动,正、负电荷中心不再重合,如图2-2(b)所示。硅离子(1)被挤入氧离子(2)和(6)之间,氧离子(4)被挤入硅离子(3)和(5)之间,电偶极矩在x轴方向的分量$(P_1+P_2+P_3)x<0$,如果表面A上呈负电荷,B面呈正电荷;如果在x轴方向施加压力,结果A面和B面上电荷符号与图2-2(b)所示相反。这种沿x轴施加力,而在垂直于x轴晶面上产生电荷的现象,即为前面所说的"纵向压电效应"。

当石英晶体受到沿y轴方向的压力作用时,晶体如图2-2(c)所示变形。电偶极矩在x轴方向的分量$(P_1+P_2+P_3)x>0$,即硅离子(3)和氧离子(2)以及硅离子(5)和氧离子(6)都向内移动同样数值,硅离子(3)和氧离子(4)向A,B面扩展,所以C,D面上不带电荷,而A,B面分别呈现正、负电荷。如果在y轴方向施加拉力,结果在A,B表面上产生

如图 2-2(c)所示相反电荷。这种沿 y 轴施加力,而在垂直于 y 轴的晶面上产生电荷的现象被称为"横向压电效应"。

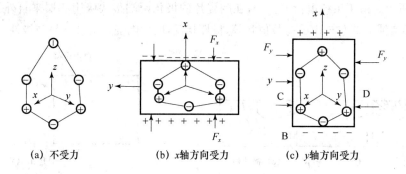

(a) 不受力 　　(b) x 轴方向受力 　　(c) y 轴方向受力

图 2-2　石英晶体压电模型

当石英晶体在 x 轴方向作用时,由于硅离子和氧离子是对称平移,正、负电荷中心始终保持重合,电偶极矩在 x、y 方向的分量为零。所以表面无电荷出现,因而沿光轴 z 方向施加力,石英晶体不产生压电效应。

图 2-3 表示晶体切片在 x 轴和 y 轴方向受拉力和具体情况。图 2-3(a)是在 x 轴方向受压力,图(b)是在 x 轴方向受拉力,图(c)是在 y 轴方向受压力,图(d)是在 y 轴方向受拉力。

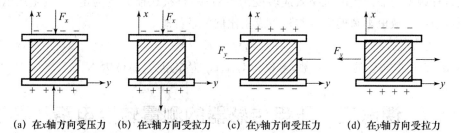

(a) 在x轴方向受压力　(b) 在x轴方向受拉力　(c) 在y轴方向受压力　(d) 在y轴方向受拉力

图 2-3　晶体片上电荷极性与受力方向关系

如果在片状压电材料的两个电极面上加以交流电压,那么石英晶体片将产生机械振动,即晶体片在电极方向又伸长和缩短的现象。这种电致伸缩现象即为前述的逆压电效应。

四、压电陶瓷的压电现象

压电陶瓷是人造晶体,它的压电机理与石英晶体并不相同。压电陶瓷材料内的晶粒有许多自发极化的电畴。在极化处理以前,各晶粒内电畴任意方向排列,自发极化的作用相互抵消,陶瓷内极化强度为零,如图 2-4(a)所示。

在陶瓷上施加外电场时,电畴自发极化方向转到与外加电场方向一致,如图 2-4(b)所示。既然已极化,此时压电陶瓷具有一定极化强度。当外电场撤销后,各电畴的自发极化在一定程度上按原外加电场方向取方向,陶瓷极化强度并不立即恢复到零,如图 2-4(c)所示,此时存在剩余极化强度。同时陶瓷片极化的两端出现束缚电荷,一端为正,另一端为负,如图 2-5 所示。由于束缚电荷的作用,在陶瓷片的极化两端很快吸附一层来自外界的自由电荷,这种束缚电荷与自由电荷数值相等,极性相反,因此陶瓷片对外不呈现极性。

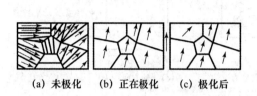

(a) 未极化　　(b) 正在极化　　(c) 极化后

图 2-4　压电陶瓷的极化

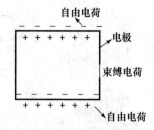

图 2-5　束缚电荷和自由电荷排列示意图

如果在压电陶瓷片上加一个与极化方向平行的外力,陶瓷片产生压缩变形,片内的束缚电荷之间距离变小,电畴发生偏转,极化强度变小,因此,吸附在其表面的自由电荷,有一部分被释放而呈现放电现象。

当撤销压力时,陶瓷片恢复原状,极化强度增大,因此又吸附一部分自由电荷而出现充电现象。

这种因受力而产生的机械效应转变为电效应,将机械能转变为电能,就是压电陶瓷的压电效应。放电电荷的多少与外力成正比例关系。即

$$q = d_{33} F$$

式中,d_{33} 为压电陶瓷的压电系数,单位为 C/N;F 为作用力,单位为 N。

课题二　压电传感器的测量转换电路

一、压电元件的等效电路

压电元件在承受沿敏感轴方向的外力作用时,就产生电荷,因此它相当于一个电荷发生器,当压电元件表面聚集电荷时,它又相当于一个以压电材料为介质的电容器,两电极板间的电容 C_a 为

$$C_a = E_r E_o A / d$$

式中:A——压电元件电极面面积;

　　　d——压电元件厚度;

　　　E_r——压电材料的相对介电常数;

　　　E_o——真空的介电常数。

当忽略压电元件的漏电阻时,可以把压电元件等效为一个电荷源与一个电容相并联

的电荷等效电路,压电元件的等效电路如图 2-6 所示,图中的 R_a 是压电元件的漏电阻,它与空气的湿度有关。压电元件的端电压 u 与产生的电荷 Q 的关系为

$$u = Q/C_a$$

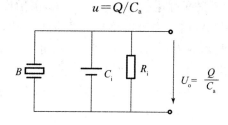

图 2-6 压电元件的等效电路

如果压电传感器与二次仪表配套使用时,还应考虑到屏蔽电缆线的分布电容 C_c 以及二次仪表的输入电阻为 R_i 和输入电容为 C_i。

二、电荷放大器

当被测振动较小时,压电传感器的输出信号非常微弱,一般需将电信号放大后才能检测出来。根据图 2-6 所示的压电传感器等效电路,它的输出可以是电荷信号也可以是电压信号,因此与之相配的前置放大器有电压前置放大器和电荷放大器两种形式。

因为压电传感器的内阻抗较高,因此需要与高输入阻抗的前置放大器配合。如果使用电压放大器,则电压放大器输入端得到的电压 $u_i = Q/(C_a + C_c + C_i)$,导致电压放大器的输出电压与屏蔽电缆线的分布电容 C_c 及放大器的输入电容 C_i 有关,它们均是不稳定的,会影响测量结果,故压电传感器的测量电路多采用性能稳定的电荷放大器(即:电荷/电压转换器),电荷放大器如图 2-7 所示。

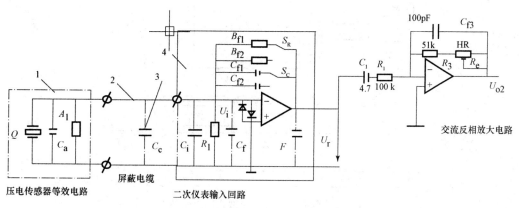

1-压电传感器; 2-屏蔽电缆线; 3-分布电容; 4-电荷放大器

Sc-灵敏度选择开关 SR-带宽选择开关

C_a、C_c、C_i 在放大器输入端的密勒等效电容 C_1、C_n 在放大器输出端的密勒等效电容

图 2-7 电荷放大器

电荷放大器是一种输出电压与输入电荷量成正比的宽带电荷/电压转换器,它可配接压电传感器,用于测量振动、冲击、压力等机械量,输入可配接长电缆而不影像测量精度。电荷放大器的频带宽度可达 $0.001 \sim 100$ kHz,灵敏度可达 $1/m \cdot s^{-2}$,输出可达 $+/-10$ V 或 $+/-100$ mA,谐波失真度小于 1%,折合至输入端的噪声小于 $10\ \mu V$。

在电荷放大器电路中,C_f 在放大器输入端的密勒等效电容 $C_f' = (1+A)C_f \gg (C_a + C_c + C_i)$,所以 $(C_a + C_c + C_i)$ 对输出电压的影响可以忽略,电荷放大器的输出电压仅与输入电荷和反馈电容有关,电缆长度等因素的影响很小,电荷放大器的输出电压可由下式得到:

$$u_o = -Q/C_f$$

式中:Q——压电传感器产生的电荷;

C_f——并联在放大器输入端和输出端之间的反馈电容。

当被测振动较小时,电荷放大器的反馈电容取值应小一些,可以取较大的输出电压;为了进一步减少传感器输出电缆的分布电容对放大电路的影响,常将电荷放大器装在传感器内或紧靠在传感器附近;为了防止电荷放大器的输入端受过电压影响,可在集成运放输入端加保护二极管;为了防止因 C_f 长时间充电导致集成运放饱和(如非理想的积分电路),必须在 C_f 上并联负反馈电阻 R_f。电荷放大器的高频截止频率主要由运算放大器的电压上升率决定,而低频下限 f_L 主要由电荷放大器的 R_f 和 C_f 的乘积决定,即

$$f_L = 1/2R_f C_f$$

可根据被测信号的频率下限,用开关 SR 切换不同的 R_f,来获得不同的带宽,包括电荷放大器的便携式测振仪外形如图 2-8 所示。

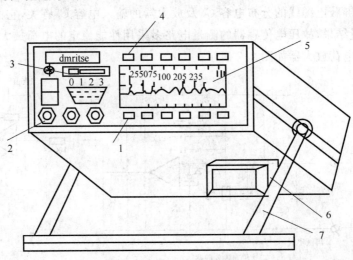

图 2-8　电荷放大器的便携式测振仪外形

课题三　压电式传感器的应用

压电式传感器可以直接用于测量力或与力有关的位移、振动加速度等。

一、压电式加速度传感器

压电式加速度传感器又称为拾振器,它可分为接触式拾振器和非接触式拾振器。接触式拾振器中常用的有磁电接触式拾振器、电感接触式拾振器和压电接触式拾振器等,而非接触式拾振器中常用的有电涡流非接触式拾振器、电容非接触式拾振器、霍尔非接触式拾振器和光电非接触式拾振器等。

常用的压电式加速度传感器与被测物体紧固在一起,受到机械振动的加速度作用,使压电元件受到质量块惯性引起的交变力作用,作用力的方向与机械振动的加速度方向相反,作用力大小由 $F=ma$ 决定。惯性引起的压力作用在压电元件上而产生电荷,电荷由引出的电极输出,将加速度转换成电量。如图 2-9 所示为便携式测振仪的外形。

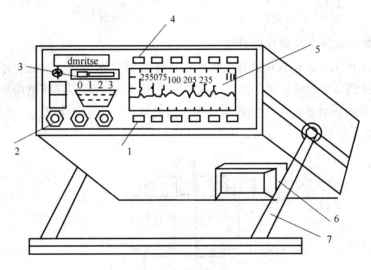

图 2-9 便携式测振仪

压电式加速度传感器还可分为压缩式压电加速度传感器、纵向效应式压电加速度传感器、剪切式压电加速度传感器和弯曲式压电加速度传感器四种。

1. 压缩式压电加速度传感器

当压缩式压电加速度传感器感受到振动时,质量块将感受到与该传感器基座相同的振动,并同时受到与被测物体加速度方向相反的惯性力作用。这样,质量块就有一个正比于加速度的交变力,此交变力作用在压电元件上。由于压电元件存在压电效应,因而它的两个极面上就会产生交变的电荷。当振动频率远低于该传感器的固有频率时,该传感器的输出电压与作用力成正比,即与被测物体的加速度成正比。如图 2-10 所示为压缩式压电加速度传感器的结构。

由于输出电量由压电加速度传感器输出端引出,输入到前置放大器中,因而就可以用普通的测量仪器测出工件的加速度,如在放大器中加入适当的积分电路,就可以测出物体的加速度和位移。

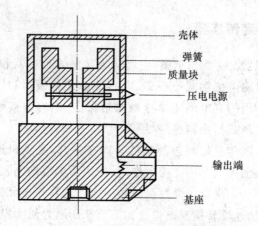

图 2-10　压缩式压电加速度传感器

2. 纵向效应式压电加速度传感器

如图 2-11 所示为纵向效应式压电加速度传感器的结构,其中,压电陶瓷 4 和质量块 2 为环形,通过螺母 3 对质量块 2 预先加载一定的压力,使之紧压在压电陶瓷 4 上。测量时,将纵向效应式压电加速度传感器的基座 5 与被测物体牢牢地紧固在一起。输出信号由电极 1 引出。

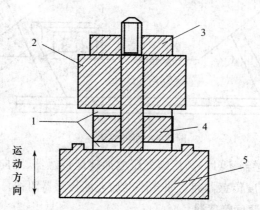

图 2-11　纵向效应式压电加速度传感器

当纵向效应式压电加速度传感器感受到振动时,由于质量块 2 相对于被测物体来说质量较小,因此,质量块 2 将会感受到与传感器基座 5 相同的振动,并受到与被测物体加速度方向相反的惯性力。

3. 剪切式压电加速度传感器

如图 2-12 所示为剪切式压电加速度传感器的结构,这种传感器可采用剪切应力来实现压电的转换。剪切式压电加速度传感器的管式压电元件紧套在金属圆柱上,而质量块又套在压电元件上。若剪切式压电加速度传感器感受到向上的运动,则金属圆柱将向上运动,由于惯性质量块有滞后现象,因而压电元件就会受到剪切应力的作用,从而在压电元件的两极面上产生电荷;若剪切式压电加速度传感器感受到向下的运动,则金属圆柱将向下运动,从而使压电元件两极面上的电荷极性相反。这种结构形式的传感器不但灵敏度较高,而且能减少基座应变的影响。

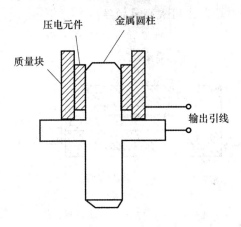

图 2-12　剪切式压电加速度传感器

剪切式压电加速度传感器具有很高的固有频率,其频率响应范围较宽,适合测量高频振动,因此,可以将它制作为小型传感器。但是由于压电元件、金属圆柱以及质量块之间粘贴较为困难,因此,装配成功率非常低。

4. 弯曲式压电加速度传感器

如图 2-13 所示为弯曲式压电加速度传感器的结构。该传感器的压电元件粘贴在悬臂梁的侧面,悬臂梁的自由端装配质量块,固有端与基座连接。该传感器振动时悬臂梁会发生弯曲,使其侧面受到拉伸或压缩,导致压电元件发生变形,从而输出电信号。此外,悬臂梁也可以用圆板代替,在圆板的侧面上装配质量块,在圆板的表面上安装压电元件。

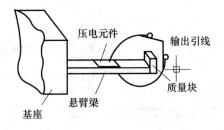

图 2-13　弯曲式压电加速度传感器

弯曲式压电加速度传感器的优点是固有共振频率较低,灵敏度较高,适用于低频测量,缺点是体积大,机械强度比剪切式压电加速度传感器差。

二、压电式测力传感器

压电式测力传感器是利用压电元件直接实现力—电转换的传感器,在拉力场合,通常采用两片或多片石英晶体作为压电元件。如图 2-14 所示为压电式三向动态测力仪的结构。这种传感器可用于测试动态切削力,被测力通过上盖传递,使两块压电元件受压力而产生极性相反的电荷,使中间的电极带负电,压电元件的正极分别与上盖与基座相连。因此,两片压电元件并联起来可提高灵敏度。

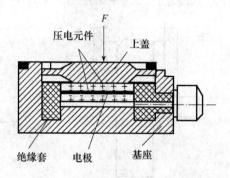

图 2-14　压电式三向动态测力仪

三、压电式血压传感器

如图 2-15 所示为压电式血压传感器的结构,该传感器选用的压电材料为压电陶瓷,使用悬臂梁结构。压电元件极化方向相反,并联相接增加电荷量的输出。在敏感振膜的上下两侧各粘一个半圆柱形塑料块。使用压电式血压传感器时被测动脉血压通过上塑料块、敏感振膜、下塑料块传递到压电陶瓷悬臂梁(PZT-50H 双晶片)的一端,使压电陶瓷式悬臂梁弯曲变形,从而产生电荷。

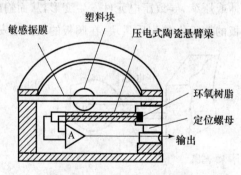

图 2-15　压电式血压传感器

四、压电式流量计

压电式流量计是利用超声波对顺流方向和逆流方向的传播速度进行分析测量的装备。其测量装备是在管外设置两个相隔一定距离的收发两用压电超声换能器,每隔一段时间后,发射和接收互换一次。在顺流和逆流的不同情况下,发射和接收到的相位差与流速将成正比,根据这个关系,可精确地测出流速,进而求出流量(流速与管道横截面的乘积等于流量)。如图 2-16 所示为压电式流量计的结构。

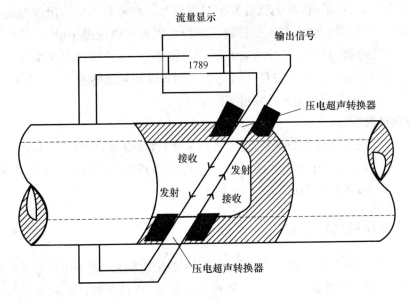

图 2-16 压电式流量计

此流量计不仅可以测量不同液体的流速,还可以根据发射和接收信号的相位差测量海洋的深度。

五、高分子压电材料的应用

1. 压电式玻璃破碎报警器

如图 2-17 所示为压电式玻璃破碎报警装置,它的工作原理是将高分子压电薄膜粘贴在玻璃上,当玻璃破碎时会发出几千赫兹的振动,这些振动作用在高分子压电薄膜上产生电压信号,并将该电压信号集中传送给报警系统,使报警器发出报警信号。

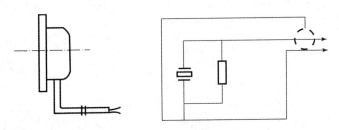

图 2-17 压电式玻璃破碎报警装置

2. 压电式周界报警系统

最常见的周界报警器是由安装有报警器的铁丝网组成的。但在很多部门常使用隐蔽的传感器,最常见的就是压电式周界报警器。压电式周界报警器主要由压电电缆组成。

压电式周界报警系统又称为线控报警系统。它警戒的是一块由边界包围的重要区域,当入侵者进入该区域时,系统就会发出报警信号。在需要警戒的周围埋设很多以高分子压电材料为单芯的电缆,当入侵者进入防范区踩到压电电缆上时,该压电电缆由于受到挤压而产生电荷,并将电荷放大输出给周界报警系统,计算机对周围报警系统的信号进行分析就可得知入侵者的方位。压电电缆的长度可达到数百米,不受天气的影响,且价格便宜,所以已应用在很多周界报警的场合。

3. 交通检测

将高分子压电电缆埋在公路上,可以进行车速、载荷分布、车型等地判定。由于车不是匀速的,当车通过高分子压电电缆时,高分子压电电缆受到瞬时的压力而产生电荷,对电荷进行分析可以得到车型及车是否超速。

六、集成压电式传感器

集成压电式传感器是一种高性能、低成本的动态传感器。它采用压电薄膜作为换能的材料,动态的压力信号通过压电薄膜转换为电荷量,再经集成压电式传感器内部的放大电路转换为电压的输出。该传感器具有灵敏度高、抗过载、冲击能力强、抗干扰性好、操作简便、体积小、质量轻及成本低等特点,广泛应用于医疗、工业控制、交通和安全防卫等领域。

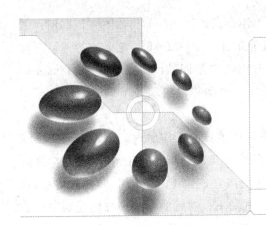

项目三 霍尔传感器

课题一　霍尔传感器的工作原理及特性

一、工作原理

　　金属或半导体薄片置于磁感应强度为 B 的磁场中,磁场方向垂直于薄片,当有电流 I 流过薄片时,在垂直于电流和磁场的方向上将产生电动势 EH,这种现象称为霍尔效应(Hall Effecf)。该电动势称为霍尔电动势(Hall EMF),上述半导体薄片称为霍尔元件(Hall Element)。用霍尔元件做成的传感器称为霍尔传感器(Hall Transducer),霍尔元件示意图如图 3-1 所示。

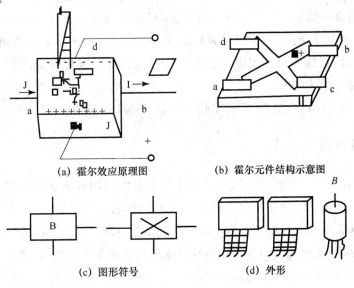

(a) 霍尔效应原理图　　　　(b) 霍尔元件结构示意图

(c) 图形符号　　　　(d) 外形

图 3-1　霍尔元件示意图

在掺杂浓度很低、电阻率很大的 N 型衬底上用杂质扩散法制作出如图 3-1(b)所示的 N＋导电区(a～b 段)，它的厚度非常薄，电阻值为几百欧。在 a～b 导电薄片的两侧对称地用杂质扩散法制作出霍尔电动势引出端 c、d，因此它是四端元件。其中一对(即 a、b 端)称为激励电流端，另外一对(即 c、d 端)称为霍尔电动势输出端，c、d 端一般应处于侧面的中点。

我们以 N 型半导体霍尔元件为例来说明霍尔传感器的工作原理。图 3-1(b)中的激励电流端(a、b 端)通路电流 I，并将薄片置于磁场中。设该磁场垂直于薄片，磁感应强度为 B，这时电子(运动方向与电流方向相反)将受到洛仑兹力 F_L 的作用，向内侧偏移，该侧形成电子的堆积，从而在薄片的 c、d 方向产生电场 E。随后的电子一方面受到洛仑兹力 F_L 的作用，另一方面又同时受到该电场力 F_E 的作用。从图 3-1(a)中可以看出，这两种力的方向恰好相反。电子积累越多，F_E 也越大，而洛仑兹力保持不变。最后，当 F_L 的绝对值等于 F_E 的绝对值时，电子的积累达到动态平衡。这时，在半导体薄片 c、d 方向的端面之间建立的电动势 E_H 就是霍尔电动势。

由实验可知，流入激流电流端的电流 I 越大，作用在薄片上的磁场强度 B 越强，霍尔电动势也就越高。霍尔电动势 E_H 可用下式表示

$$E_H = K_H I B$$

从式可知，霍尔电动势与输入电流 I、磁感应强度 B 成正比，且当 B 的方向改变时，霍尔电动势的方向也随之改变。如果所施加的磁场为交变磁场，则霍尔电动势为同频率的交变电动势。

目前常用的霍尔元件材料是 N 型硅，它的霍尔灵敏度、温度特性、线性度均较好，而锑化铟(InSb)、砷化铟(InAs)等也是常用的霍尔元件材料，砷化镓(GaAs)是新型的霍尔元件材料，今后将得到更广泛的应用。近年来，已采用外延离子注入工艺或采用溅射工艺制造出了尺寸小、性能好的薄膜型霍尔元件，如图 3-1(b)所示。它由衬底、十字形薄膜、引线(电极)即塑料外壳等组成。它的灵敏度、稳定性、对称性等均比老工艺优越很多，得到越来越广泛的应用。

霍尔元件的壳体可用塑料、环氧树脂等制造，封装后的外形如图 3-1(d)所示。

二、特性参数

(1) 输入电阻 R_i　霍尔元件两激励电流端的直流电阻称为输入电阻。它的数值从几十欧到几百欧，视不同型号的元件而定。温度升高，输入电阻变小，从而使输入电流 I_{ab} 变大，最终引起霍尔电动势变大。为了减少这种影响，最好采用恒流源作为激励源。

(2) 最大激励电流 I_m　由于霍尔电动势随激流电流增大而增大，故在应用中总希望选用较大的激励电流。但激励电流增大，霍尔元件的功耗增大，元件的温度升高，从而引起霍尔电动势的温漂增大，因此，每种型号的元件均规定了相应的最大激流电流，它的数

值从几毫安至十几毫安。

（3）灵敏度 K_H　　$K_H = E_H/(I_B)$，其单位为 $mA/(mA \cdot T)$。

（4）最大磁感应强度 B_m　　磁感应强度超过 B_m 时，霍尔电动势的非线性误差将明显增大，B_m 的数值一般小于零点几特斯拉。

（5）不等位电动势　　在额定激励电流下，当外加磁场为零时，霍尔输出端之间的开路电压称为不等位电动势，它是由于 4 个电极的几何尺寸不对称引起的，使用时多采用电桥法来补偿不等位电动势引起的误差。

（6）霍尔电动势温度系数　　在一定磁场强度和激励电流的作用下，温度每变化 1℃ 时霍尔电动势变化的百分数称为霍尔电动势温度系数，它与霍尔元件的材料有关，一般为0.1%/℃左右。在要求较高的场合，应选择低温漂的霍尔元件。

课题二　霍尔传感器的测量转换电路

一、霍尔传感器的基本电路

如图 3-2 所示为霍尔传感器的基本电路。额定激流电流 I_c 由电源 E 提供，可以通过调节 R_A 来控制额定激励电流 I_c 的大小，霍尔传感器输出端接负载电阻 R_B。由于霍尔传感器必须在磁感应强度 B 与额定激励电流 I_c 的作用下才会产生霍尔电动势，所以在实际应用中，可以把额定激励电流 I_c 或者磁感应强度 B 作为输入信号。通过霍尔传感器的额定激励电流 I_c 为

$$I_c = E/(R_A + R_B + R_H)$$

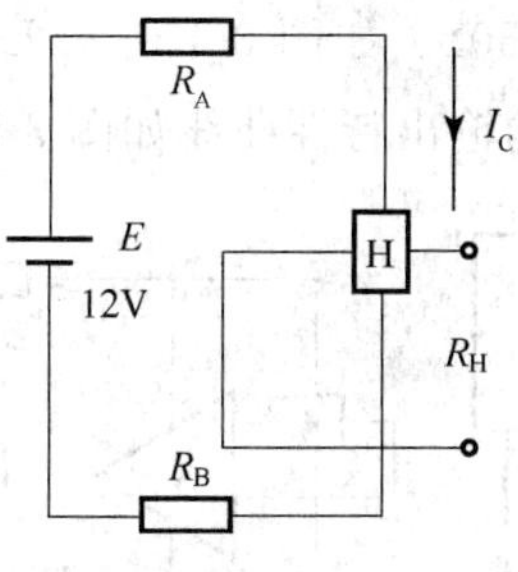

图 3-2　霍尔传感器的基本电路

由于霍尔传感器的霍尔常数 R_H 是变化的，因而会引起额定激励电流 I_c 的变化，使霍尔电动势失真。因此只有当 $R_A + R_B \gg R_H$ 时，才能抑制额定激励电流 I_c 的变化。如图 3-3 所示为霍尔传感器的几种偏置电路。

图 3-3(a)为无外接偏置电阻的电路。这种电阻适用于霍尔常数 R_H 较大的霍尔传感器，额定激励电流 $I_c = E/R_H$，霍尔电动势 $E_H = I_c R_H/2$，因此，磁阻效应的影响比较大。

图 3-3(b)为有外接偏置电阻的电路。这种电路适用于霍尔常数 R_H 较小的霍尔传感器，额定激励电流 $I_c=E/(R+R_H)$，霍尔电动势 $E_H=I_cR_H/2$。图 3-3(c)为在电源负极与霍尔元件之间串联电阻的电路。这种电路适用于霍尔常数 R_H 较小的霍尔传感器，额定激励电流 $I_c=E/(R+R_H)$，霍尔电动势 $E_H=(R_H/2+R)I_c$，因此，磁阻效应影响比较小。

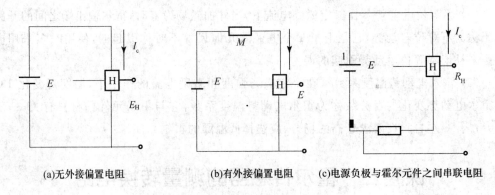

(a)无外接偏置电阻　　　　(b)有外接偏置电阻　　　(c)电源负极与霍尔元件之间串联电阻

图 3-3　霍尔传感器的几种偏置电路

二、霍尔传感器的集成电路

霍尔传感器的集成电路具有体积较小、灵敏度高、输出幅度较大、温漂小、对电源的稳定性要求较低等优点，它可分为线性型霍尔传感器的集成电路和开关型霍尔传感器的集成电路。

1. 线性型霍尔传感器的集成电路

线性型霍尔传感器的集成电路的内部电路是将霍尔元件、恒流源、线性差动放大器制作在同一个芯片上，输出电压的单位为 V，比直接使用霍尔元件要方便很多。比较典型的线性型霍尔传感器由 UGN3501。如图 3-4 所示 UGN3501 线性型霍尔传感器的外形及其电路原理图，其集成电路的输出特性曲线如图 3-5 所示。

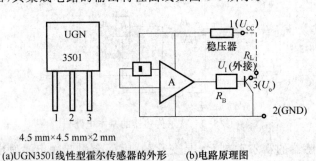

$4.5\ mm\times4.5\ mm\times2\ mm$

(a)UGN3501线性型霍尔传感器的外形　　(b)电路原理图

图 3-4　UGN3501 线性型霍尔传感器的外形及其电路原理图

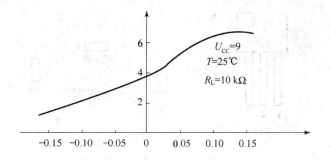

图 3-5　UGN3501 线性型霍尔传感器集成电路的输出特性曲线

如图 3-6 所示为具有双端差动输出特性的线性型霍尔传感器集成电路的输出特性曲线。如果磁感应强度为零，那么它的输出电压将等于零；当感受到的磁感应强度为正向（磁钢的 S 极对准霍尔元件的正面）时，输出为正；当感受到的磁感应强度为反向（磁钢的 N 极对准霍尔元件的正面）时，输出为负。

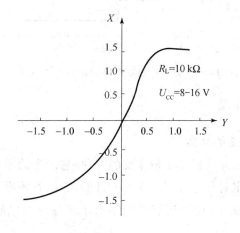

图 3-6　具有双端差动输出特性的线性型霍尔传感器集成电路的输出特性曲线

2. 开关型霍尔传感器的集成电路

开关型霍尔传感器的集成电路的内部电路是将霍尔元件、稳压器、放大器、施密特触发器、OC 门电路等制作在同一个芯片上。如图 3-7 所示，在电路的输入端输入 U_{CC}，经稳压器稳压后加在霍尔元件的两个激励电流端。根据霍尔效应的原理，当霍尔元件处于磁场中时，霍尔元件的两电压端将会有一个霍尔电动势 E_H 输出。E_H 经放大器 A 放大后送至施密特触发器整型，使其成为方波输送到 OC 门电路输出。

当外加的磁感应强度超过规定的工作点时，OC 门电路由高阻状态变为导通状态，其输出变为低电平；当外加的磁感应强度低于释放点时，OC 门电路重新变为高阻状态，其输出状态为高电平。施密特触发电路的输出特性曲线如图 3-8 所示。

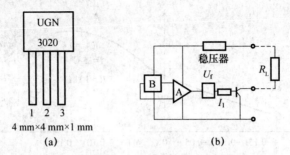

图 3-7　开关型霍尔传感器的外形及其内部集成电路

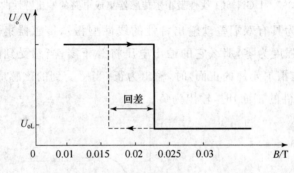

图 3-8　施密特触发电路的输出特性曲线

三、基本误差及补偿

1. 不等位电动势误差的补偿

不等位电动势是霍尔元件误差中最主要的一种,它产生的原因是当前制造工艺不可能保证两个霍尔电极决定对称地焊接在霍尔元件的两端,致使霍尔元件的两个电极点不能完全位于同一个等位面上,此外还有可能是由于半导体的电阻特性(等势面倾斜)所造成。

若把霍尔元件视为一个四桥臂的电阻电桥,不等位电动势就相当于电桥在初始不平衡的状态下输出的电压,如图 3-9 所示。

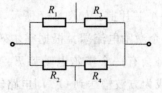

图 3-9　不等位电动势

当两个霍尔电极在同一个等位面上时,即 $R_1 = R_2 = R_3 = R_4$,则电路平衡电桥输出电压为零;当两个霍尔电极不在同一个等位面上时,即 $R_1 \neq R_2 \neq R_3 \neq R_4$,则电路不平衡电桥输出电压不为零。因此,需要通过采用如图 3-10 所示的电路进行补偿,外接电阻应大于霍尔元件的内阻,调整外接电阻可以使电桥输出电压为零。

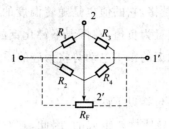

图 3-10 电路补偿

2. 温度特性

霍尔元件的温度特性是指它的内阻及输出与温度之间的关系。与一般半导体一样,由于电阻率、迁移率以及载流子浓度随温度变化,因而霍尔元件的内阻、输出电压等参数也将随温度而变化。不同材料的霍尔内阻及霍尔电动势与温度的关系曲线如图 3-11 和图 3-12 所示。

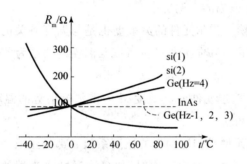

图 3-11

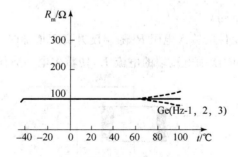

图 3-12

霍尔内阻和霍尔电动势都用相对比率表示。因此,把温度每变化 1℃霍尔元件输入电阻或输出电阻的相对变化率称为内阻温度系数,用 β 表示;把温度每变化 1℃霍尔电动势的相对变化率称为霍尔电动势温度系数,用 α 表示。由图 3-11 可知,锑化铟的内阻温度系数最大,除了锑化铟的内阻温度系数为负值之外,其余均为正值。如图 3-12 所示,硅的霍尔电动势温度系数最小,且在温度范围内是正值;其次是砷化铟,它的值随着温度的升高由正值变为负值;其次是锗,它的值也是随着温度的升高由正值变为负值,而锑化铟的霍尔电动势温度系数最大且为负值,在低温下锑化铟的霍尔电动势将是硅的霍尔电动势的三倍,温度升高后,锑化铟的霍尔电动势将为硅的霍尔电动势的15%。

3. 温度误差及其补偿

温度误差产生的原因主要包括以下两种:

(1) 由于霍尔元件是由半导体材料组成的,因此,它对温度的变化非常敏感。其中,载流子的浓度、迁移率、电阻率等参数都是温度的函数。

(2) 当温度发生变化时,霍尔元件的一些特性参数,如霍尔电动势、输入电阻和输出电阻都会发生变化,从而使霍尔传感器产生温度误差。

可以采用恒温措施补偿和恒流源措施补偿的方法来减小霍尔元件的温度误差。

(1) 恒温措施补偿。包括以下两种:

① 将霍尔元件放在恒温器中;

② 将霍尔元件放在恒温的空调房中。

(2) 恒流源温度补偿。霍尔元件的灵敏度也是与温度有关的函数,它会随温度的变化引起霍尔电动势的变化。霍尔元件的灵敏度与温度的关系为

$$K_h = k_{h0}(1 + \alpha \Delta t)$$

式中:k_{h0} 为温度为 t_0 时霍尔元件的灵敏度;α 为霍尔电动势的温度系数;Δt 为文的变化量(℃)。

常见的大多数霍尔元件霍尔电动势的温度系数 α 都是正值,它们的霍尔电动势将会随着温度的升高而增加 $(1 + \alpha \Delta t)$ 倍。同时,如果让激励电流端的电流 I 相应地减小,就能使 $E_H = K_H IB$ 的结果保持不变,也就抵消了霍尔元件灵敏度增加的影响。如图 3-13 所示为恒流源温度补偿电路。

图 3-13 中,当霍尔元件的输入电阻 R_i 随温度升高而增加时,旁路分流电阻自动地加强分流,减小了霍尔元件的激励电流端的电流 I_2,使霍尔电动势保持不变。

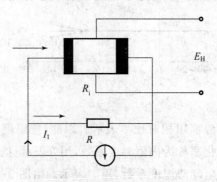

图 3-13 恒流源温度补偿电路

课题三　霍尔传感器的应用

一、霍尔位移传感器

如图 3-14 所示,两块永久磁铁的相同极性相对放置,将霍尔位移传感器放置在磁铁中间,当磁感应强度为零时,将霍尔位移传感器输出电压为零的地方作为位移的零点,当霍尔位移传感器在 x 轴方向发生位移 Δx 时,霍尔位移传感器将会有一个霍尔电动势 E_H 的输出。只有测出 E_H 的大小,就可以得知位移的大小。霍尔位移传感器的灵敏度与两块永久磁铁之间的距离有关,永久磁铁的距离越近,霍尔位移传感器的灵敏度就越大,因此,这种霍尔位移传感器只能测一些较小的位移。

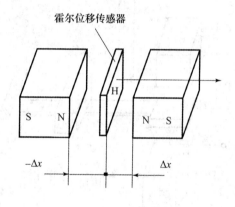

图 3-14　霍尔位移传感器

二、霍尔压力传感器

如图 3-15 所示,将霍尔压力传感器 2 放在两块永久磁铁 1 的中间,当磁感应强度为零时,将霍尔压力传感器 2 输出电压为零的地方作为零点,当外界有压力 P 作用在弹簧 3 上时,霍尔压力传感器 2 将会产生向前或向后的偏移量,作用在霍尔元件上的磁场产生强弱变化,从而产生霍尔电动势 E_H,只要测出 E_H 的大小,就可得知 P 的大小。当压力与霍尔电动势的输出存在非线性关系时,可以采用电路或者单片机来进行补偿。

三、霍尔加速度传感器

如图 3-16 所示,将霍尔加速度传感器放在两块永久磁铁中间,这两块永久磁铁的相同极性相对放置。当磁感应强度为零时,霍尔加速度传感器处于平衡位置。当质量为 M

的物体上下运动时,将会带动霍尔加速度传感器上下运动,使其产生霍尔电动势,且所产生的霍尔电动势与物体的加速度之间有较好的线性关系。

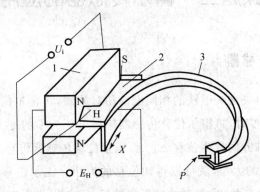

图 3-15　霍尔压力传感器

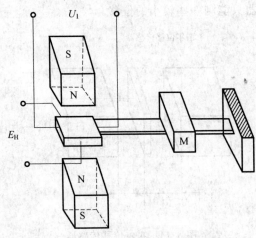

图 3-16　霍尔加速度传感器

四、霍尔转速传感器

只要金属旋转体的表面存在缺口或突起,就会使磁感应强度产生脉动,从而引起霍尔电动势的变化,产生转速信号。

五、霍尔计数器

如图 3-17 所示为霍尔计数器的工作原理及其内部电路。霍尔开关传感器 SL3501 是具有较高灵敏度的集成霍尔元件,能感受到很小磁场的变化,可以检测出黑色金属的有无。利用霍尔开关传感器的这一特性可制成霍尔计数器。当钢球滚过霍尔开关传感器的位置时,霍尔开关传感器输出一个峰值为 20 mV 的霍尔电动势,此信号将经过 uA741 型放大器的运算放大后驱动 2N5812 型三极管,以完成导通和截止过程。把计数器接在 2N5812 型三极管的输出端即可以构成霍尔计数器。

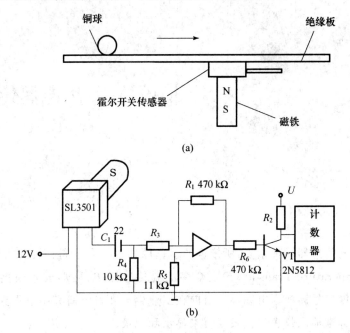

(a)

(b)

图 3-17 霍尔计数器

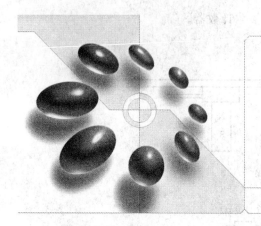

‖ 项目四 热电偶传感器 ‖

测量温度的传感器品种繁多,所依据的工作原理也各有不同。热电偶传感器(Thermocouple Temperature Transducer)是众多测温传感器中,已形成系列化、标准化的一种。它能将温度信号转换为电动势。目前在工业生产和科学研究中已得到广泛的应用,并且可以选用标准显示仪表和记录仪表来显示和记录。

热电偶测温的主要优点有:

(1) 它属于自发电型传感器,因此测量时不需要外加电源,可直接驱动圈式仪表;

(2) 结构简单,使用方便,热电偶的电极不受大小和形状的限制,可按照需要选择;

(3) 测温范围广,高温热电偶可达 1 800℃以上,低温热电偶可达−260℃;

(4) 测量准确度较高,各温区中的误差均符合国际计量委员会的标准。

课题一　温度测量的基本概念

温度是一个和人们生活环境有着密切关系的物理量,也是一种在生产、科研、生活中需要测量和控制的重要物理量,是国际单位制 7 个基本量之一。本节将系统地介绍有关温度、温标、测温方法等一些基本概念。

一、温度的基本概念

温度是表征物体冷热程度的物理量。温度概念是以热平衡为基础的。如果两个相接触的物体的温度不相同,它们之间就会产生热交换,热量将从温度高的物体向温度低的物体传递,直到两个物体达到相同的温度为止。

温度的微观概念是:温度标志着物质内部大量分子的无规律运动的剧烈程度。温度越高,物体内部分子热运动越剧烈。

二、温标

温度的数值表示方法称为温标。它规定了温度的读数的起点(即零点)以及温度的单位。各类温度计的刻度均由温标确定。国际上规定的温标有:摄氏温标、华氏温标、热力学温标等。

1. 摄氏温标(℃)

摄氏温标把在标准大气压下冰的熔点定为零度(0℃)。把水的沸点定为 100 度(100℃)。在这两固定点间划分一百等分,每一等分为摄氏一度,符号为 t。

2. 华氏温标(℉)

它规定在标准大气压下,冰的熔点为 32℉,水的沸点为 212℉,两固定点间划分 180 个等分,每一等分为华氏一度,符号为 θ。它与摄氏温标的关系式为

$$\theta = 1.8t + 32$$

例如,20℃时的华氏温度 $\theta = (1.8 \times 20 + 32)℉ = 68℉$。西方国家在日常生活中普遍使用华氏温标。

3. 热力学温标(K)

热力学温标是建立在热力学第二定律基础上的最科学的温标,是由开尔文根据热力学定律提出来的,因此又称开氏温标。它的符号是 T,其单位是开尔文(K)。

热力学温标规定分子运动停止(即没有热存在)时的温度为绝对零度,水的三相点(气、液、固三态同时存在且进入平衡状态时的温度)的温度为 273.16 K,从绝对零度到水的三相点之间的温度均匀分为 273.16 格,每格位 1 K。

由于以前曾规定冰点的温度为 273.15 K,所以现在沿用这个规定,用下式进行开尔文和摄氏度的换算:

$$t = T - 273.15$$

或

$$T = t + 273.15$$

例如,100℃时的热力学温度 $T = (100 + 273.15)\ K = 373.15\ K$。

热力学温标是纯理论的,人们无法得到开氏零度,因此不能直接根据它的定义来测量物体的热力学温度(又称开氏温度)。因此需要建立一种实用的温标作为测量温度的标准,这就是国际实用温标。

4. 1990 国际温标(ITS-90)

国际计量委员会在 1968 年建立了一种国际协议性温标,即 IPTS-68 温标。这种温标与热力学温标基本吻合,其差值符合规定的范围,而且复线性(在全世界用相同的方法,可以得到相同的温度值)好,所规定的标准仪器使用方便、容易制造。

在 IPTS-90 定义了一系列温度的基础上,根据第 18 届国际计量大会的决议,从 1990

年1月1日开始在全世界范围内采用1990年国际温标,简称ITS-90。

ITS-90定义了一系列温度的固定点、测量和重现这些固定点的标准仪器以及计算公式。

例如,规定了氢的三相点为13.803 3 K、氖的三相点为24.556 1 K、氧的三相点为54.358 4 K、氩的三相点为83.805 8 K、汞的三相点为234.315 6 K、水的三相点为273.16 K(0.01℃)等。

以下金属的固定点用摄氏温度(℃)来表示:镓的三相点为29.764 6℃、锡的凝固点为231.928℃、锌的凝固点为419.527℃、铝的凝固点为660.323℃、银的凝固点为961.78℃、金的凝固点为1 064.18℃、铜的凝固点为1 084.62℃,这里就不一一列举了。

ITS-90规定了不同温度段的标准测量仪器。例如在极低温度范围,用气体体积热膨胀温度计来定义和测量;在氢的三相点和银的凝固点之间,用铂电阻温度计来定义和测量;而在银凝固点以上用光学辐射温度计来定义和测量等。

三、温度测量及传感器分类

常用的各种材料和元器件的性能大都会随着温度的变化而变化,具有一定的温度效应。其中一些稳定性好、温度灵敏度高、能批量生产的材料就可以作为温度传感器。

温度传感器的分类方法很多。按照用途分为基准温度计和工业温度计;按照测量方法又可分为接触式和非接触式;按照工作原理又可分为膨胀式、电阻式、热点式、辐射式等;按照输出方式分有自发电型、非电测型等。总之,温度测量的方法很多,而且直到今天,人们仍在不断地研究性能更好地温度传感器。我们可以根据成本、准确度、测温范围及被测对象的不同,选择不同的温度传感器。表4-1列出了常用测温传感器的工作原理、名称和特点。

表4-1 温度传感器的种类及特点

所利用的物理现象	传感器类型	测量范围/℃	特点
体积热膨胀	气体温度计 液体压力温度计 玻璃水银温度计 双金属片温度计	−250～1 000 −200～350 −50～300	不需要电源,耐用;但感温部件体积较大
接触热电动势	钨铼热电偶 铂铑热电偶 其他热电偶	1 000～2 100 200～1 800 −200～1 200	自发电型,标准化程度高,品种多,可根据需要选择;须进行冷端温度补偿
电阻变化	铂热电阻 热敏电阻	−200～900 −50～300	标准化程度高;但需要接入桥路才能得到电压输出

所利用的物理现象	传感器类型	测量范围/℃	特点
PN 结结电压	硅半导体二极管 （半导体集成温度传感器）	−50～150	体积小,线性好,−2mV/℃;但测量范围小
温度——颜色	示温涂料液体	−50～1 300 0～100	面积大,可得到温度图像; 但易衰老,准确度低
光辐射 热辐射	红外辐射温度计 光学高温温度计 热释电温度计 光子探测器	−50～1 500 500～3 000 0～100 0～3 500	分接触式测量,反应快;但易受环境及被测体表面状态影响,标定困难

课题二　热电偶的基本原理

一、热电偶的工作原理

将两根不同的导体或半导体连接在一起组成一个闭合回路,如图 4-1(a)所示,当两结点温度不同时,则在该回路中就会产生电动势,这种现象称为热电效应,该电动势称为热电势,这两种不同的导体或半导体的组合称为热电偶。两个结点,一个称为工作端,又称测量端或热端,测温时将它置于被测介质中;另一个端为自由端,又称参考端或冷端,与测量仪表引出的导线相连接,如图 4-1(b)所示。在该回路中,所产生的热电势由两部分组成:温差电势和接触电势。

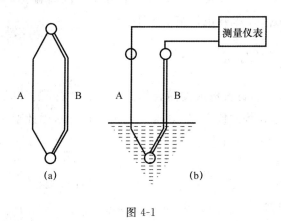

图 4-1

接触电势是由于两种不同导体的自由电子密度不同而在接触处失去电子一侧带正电,得到电子一侧带负电,扩散达到平衡时,在接触面的两侧就形成稳定的接触电势。接触电势的数值取决于两种不同导体的性质和接触点的温度。两结点的接触电势 $E_{AB}(T)$ 和 $E_{AB}(T_0)$ 可表示为

$$E_{AB}(T) = (KT/e)\ln(N_{AT}/N_{BT})$$

$$E_{AB}(T_0) = (KT_0/e)\ln(N_{AT_0}/N_{BT_0})$$

式中：K——波耳兹曼常数；

e——单位电荷电量；

N_{AT}、N_{BT}——温度为 T 时，A、B 两种材料的电子密度；

N_{AT_0}、N_{BT_0}——温度为 T_0 时，A、B 两种材料的电子密度。

温差电势是由于同一导体的两端因温度不同而产生的一种电动势。同一导体的两端温度不同时，高温度端的电子能量要比低温度端的电子能量大，因而从高温度端跑到低温度端的电子数比从低温度端跑到高温度端的要多，结果高温度端因失去电子带正电，低温度端因获得多余的电子而带负电，因此，在导体两端便形成温差电势。

如图 4-1(a)所示的热电偶回路中产生的总热电势为

$$E_{AB}(T, T_0) = E_{AB}(T) + E_B(T, T_0) - E_{AB}(T_0) - E_A(T, T_0)$$

在总热电势中，温差电势比接触电势小很多，可忽略不计，则热电偶的热电势可表示为

$$E_{AB}(T, T_0) = E_{AB}(T) - E_{AB}(T_0)$$

在通常的测量中要求冷端的温度恒定，$E_{AB}(T_0)$＝常数，则总的热电偶就只与温度 T 成单值函数关系，即

$$E_{AB}(T, T_0) = E_{AB}(T) - c = f(T)$$

实际应用中，热电偶与温度之间的关系时通过热电偶分度表来确定的。分度表是在参考端温度为 0℃时，通过实验建立起来的热电势与工作端温度之间的数值对应关系。用热电偶测量温度，还要掌握热电偶基本定律。

二、热电偶的基本定律

热电偶是由两种不同材料构成的闭合回路，但由于实际测温时，这个回路必须在冷端部分断开，接入测电动势的仪表（如电压表或电位差计），因此要引入第 3 种附加材料和结点。下面引述 3 个常用的热电偶定律。

1. 中间导体定律

当热电偶回路的一个或两个结点被断开，接入一种或多种金属材料的中间导体后，如果全部的新结点处的温度和原来结点的温度相同，那么对回路的总热电势没有影响。

3 种导体的热电偶回路，如图 4-2 所示。由于温差电势可忽略不计，则回路中的总热电势等于各结点的接触电势之和，即

$$E_{ABC}(T, T_0) = E_{AB}(T) + E_{BC}(T_0) + E_{CA}(T_0)$$

当 $T=T_0$ 时,有

$$-E_{AB}(T_0)=E_{BC}(T_0)+E_{CA}(T_0)$$

合并可得

$$E_{ABC}(T,T_0)=E_{AB}(T)-E_{AB}(T_0)=E_{AB}(T,T_0)$$

同理,加入第 4、5 种导体后,只要加入的导体两端温度相等,同样不影响回路中的总热电势。

2. 中间温度定律

热电偶 AB 在结点温度为 T、T_0 时的热电势 $E_{AB}(T,T_0)$ 等于热电偶 AB 在结点温度 T、T_c 和 T_c、T_0 时的热电偶 $E_{AB}(T,T_c)$ 和 $E_{AB}(T_c,T_0)$ 的代数和。
即

$$E_{AB}(T,T_0)=E_{AB}(T,T_c)+E_{AB}(T_c,T_0)$$

该定律是参考端温度计算修正法的理论依据。通常,热电偶分度表是以冷端为 0℃ 时作出的。而实际测量温度的过程中,常常会遇到冷端不为 0℃ 的情况,这时可以根据中间温度定律很方便地从分度表中查取在各种温度时的热电动势。

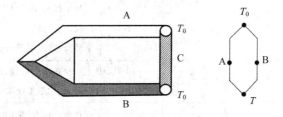

图 4-2　3 种导体的热电偶回路

3. 均质导体定律

由一种均质导体组成的闭合回路中不论导体的截面、长度如何以及各处的温度分布如何,都不能产生热电势。这条定理说明,热电偶必须由两种不同性质的均质材料构成。

课题三　热电偶的材料、结构及种类

一、热电偶的材料

按照国际计量委员会规定的《1990 年国际温标》(简称为 ITS-90)的标准。

共有 8 种国际通用的热电偶,如表 4-2 所示。

表 4-2　八种国际通用热电偶的特性

名称	分度号	测量范围/℃	100℃时的热电势/mV	1 000℃时的热电势/mV	特　　点
铂铑 30—铂铑	B	50～1 820	0.033	4.834	熔点高,测温上线高,性能稳定,准确度高,价格昂贵,热电势小,性能差,只适用于高温域测量
铂铑 13—铂	R	−50～1 768	0.647	10.506	测温上限高,准确度高,性能稳定,复现性好,热电势较小,不能在金属蒸汽和还原性气体中使用,在高温下连续使用时,其特性会逐渐变差,价格昂贵,多用于精密测量
铂铑 10—铂	S	−50～1 768	0.646	9.587	测温上限高,准确度高,性能稳定,复现性好,热电势较小,不能在金属蒸汽和还原性气体中使用,在高温下连续使用时,其特性会逐渐变差,价格昂贵,但性能不如 R 型热电偶,曾经作为国际温标的法定标准电极
镍铬—镍硅	K	−270～1 370	4.096	41.267	热电势大,线型号,稳定性好,价格低廉,材质较硬,在高于 1 000℃时长期使用会引起热电势漂移,多用于工业测量
镍铬硅—镍硅	N	−270～1 300	2.774	36.256	一种新型热电偶,各项性能均比 K 型热电偶好,适用于工业测量
镍铬—康铜	E	−270～800	6.319	76.373	热电式比 K 型热电偶高一倍左右,线性好,耐高温度,价格低廉,但不能用于还原气体,多用于工业测量
铁—康铜	J	−210～760	5.269	57.953	价格低廉,在还原气体中较稳定,单纯铁易被腐蚀和氧化,多用于工业测量
铜—康铜	T	−270～400	4.279		价格低廉,加工性能好,离散性小,性能稳定,线性好,准确度高,铜在高温时易被氧化,测温上线低,多用于低温域测量,可作为 −200～0℃温域的计量标准

二、热电偶的结构及种类

1. 装配式热电偶

工业中用的典型装配式热电偶是由热电板、绝缘套管、保护套管和接线盒等部分组成的,通常和显示仪表、记录仪表和电子调节器配套使用。在实验室中使用时,也可不装保护套管,以减小热惯性。装配式热电偶可直接测量生产过程中 0～1 800℃内的液体和气体介质以及固体表面的温度。它具有结构简单、安装空间较小、接地方便等优点,但是装配式热电偶的时间滞后、动态响应较慢、安装较困难。如图 4-3 所示为装配式热电偶的结构示意图。

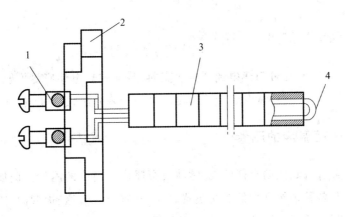

图 4-3　装配式热电偶的结构示意图

2. 铠装式热电偶

铠装式热电偶的优点是小型化(直径可取 0.25～12 mm),寿命长,热惯性较小,使用较方便。铠装式热电偶一般作为测量温度的变送器,通常和显示仪表、记录仪表和电子调节器配套使用,同时也可以作为装配式热电偶的感温元件,以用来直接测量各种生产过程中 0～800℃内的液体和固体表面的温度。

铠装式热电偶的热电势随着热端温度的升高而增加,其大小只和热电极的材料及两端温差有关,和热电极的长度、直径无关。

3. 快速反应薄膜热电偶

快速反应薄膜热电偶是利用真空蒸镀的方法将两种热电极的材料蒸镀到绝缘板上。如图 4-4 所示,由于热端结点极薄(为 0.01～0.1 μm),因而特别适合快速测量壁面的温度。安装快速反应薄膜热电偶时,用黏结剂将其粘贴在被测物体表面。目前,我国研究制造的有铁-康铜快速反应薄膜热电偶和铜-康铜快速反应薄膜热电偶,这些新型热电偶的尺寸均为 60 mm×6 mm×0.2 mm,绝缘基板是用云母、陶瓷片、玻璃和酚醛塑料等组成的,测温范围在 300℃以下且反应时间为几毫秒。

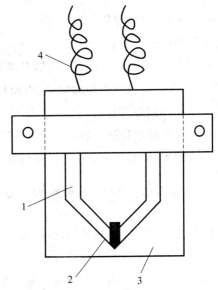

图 4-4　快速反应薄膜热电偶

课题四　热电偶的应用

一、管道温度的测量

为了使管道的气流充分与热电偶产生热交换,装配式热电偶应尽可能垂直向下插入管道中。装配式热电偶在测量管道中流体温度时的安装方法,也可以采用斜插法。

二、金属表面温度的测量

在机械、冶金、能源、国防等部门,经常涉及金属表面温度的测量。例如,热处理工作中锻件、铸件以及各种余热利用的热交换器表面、气体蒸气管道、炉壁面等表面温度的测量。根据对象特点,测温范围从摄氏几百度到摄氏一千多度,而测量方法通常采用直接接触测温法。

直接接触测温法是指采用各种型号及规格的热电偶(视温度范围而定),用粘接剂或焊接方法,将热电偶与被测金属表面(或去掉表面后的浅槽)直接接触,然后把热电偶接到显示仪表上组成测温系统。

是适合不同壁面的热电偶使用方式。如果金属壁比较薄,那么一般可用胶合物将热偶丝粘贴在被测元件表面,为减少误差,在紧靠测量端的地方应加足够长的保温材料保温。

对于硬质壁面,可用激光加工一个斜孔,从斜孔内插入;利用电动机起吊螺孔,将热电偶从孔槽内插入的方法。

WREM、WRNM 型表面热电偶专供测量 0～800℃ 范围内各种不同形状固体的表面温度,常作为锻造、热压、局部加热、电动机加热、电动机轴瓦、塑料注射剂、金属淬火、模具加工等现场测温的有效工具。使用时,将表面热电偶的热端紧压在被测物体表面,待热平衡后读取温度数据。表面热电偶的冷端插头材料与对应的补偿导线的材料相同,不影响测量结果,但要注意插头与插座的正负极不要接反。

三、热电堆在红外线探测器中的应用

红外线辐射可引起物体的温度上升。将热电偶置于红外辐射的聚焦点上,可根据其输出地热电动势来测量入射红外线的强度。

单根热电偶的输出十分微弱。为了提高红外辐射探测器的探测效应,可以将许多对热电偶相互串联起来,即第一根负极接第二根正极,第二根负极再接第三根正极,以此类推。它们的冷端置于环境温度中,热端发黑(提高吸热效率),集中在聚焦区域,就能成功地提高输出热电动势,这种接法的热电偶称为热电堆,由 24 支热电偶经过特殊处理后串联而成的热电堆外形。外侧为冷端,内侧为热端。热电堆还可以用于电热水器和煤气灶的安全保护,读者可以自行上网查阅有关资料。

课题五　工程项目应用实例

一、课题的意义、来源及技术指标

水泵能将动力机械(多为电动机)输入的机械能传递给所输送的液体,使液体的能量(位能、压能或动能)增加。水泵效率是指水泵的输出功率和水泵轴功率(即水泵输入功率)之比。水泵动力轴输入的机械能量只有一部分转变成水的动能和势能,还有一部分转化为热能。目前国内各类水泵的耗电量约占全国发电量的 20%,水泵的节能降耗是提高企业经济效益的重要途径之一。

某抽水泵站希望对该站的一台水泵进行效率测量,以制定调速方案,进而实现节能的目的。被测水泵及测量技术指标如下:

电动机功率:100 kW。

水泵流量:800 m³/h。

扬程:30 m。

水泵效率:70%～90%。

效率测量误差:3%。

二、设计步骤

1. 方案选择

水泵测量方法有多种,下面给予分析和比较。

方案一:利用水力学方法。该测试方法需要测量出水泵的扬程、流量、轴功率(电动机输入到水泵的功率)等主要功率,然后根据式子计算出效率。水泵效率 η 的计算公式如下:

$$\eta = pqh/102P_i \times 100\%$$

式中:p——被输送的液体的密度(kg/L);

q——水泵的体积流量(L/s);

h——水泵的扬程(m);

P_i——水泵轴的输入机械功率(W)。

由于水泵工作现场条件的限制,流量、轴功率的测量相当繁杂,影响测试精度的因素较多,很难测准。

方案二:利用热力学方法。利用热力学方法测量水泵的效率时,不需要测量水泵的流量和轴功率,只需要测量出水泵的进、出口之间的压力差和温度差,就可以根据热力学原理,方便、准确地确定水泵的效率。国外已经将热力学测试方法作为水轮机和水泵的标准验收方法之一。国内开展水泵效率现场测试时,也越来越多地都采用热力学法。本项目选用热力学法。

2. 热力学法测量水泵效率的原理

根据热力学原理,水泵的叶轮旋转对流体(此处讨论的介质为水)做功时,除了使水获得有用功率之外,还由于各种因数造成能量损耗。例如,水在水泵中流动时,存在着摩擦、冲击、涡流、絮流、边界摩擦剪力等,使一部分机械能转化为热能,水的温度必然升高。同时,水从水泵进口到出口的“等熵”(不考虑与水泵之外的热交换以及泵体的散热)压缩过程,也会使水的温度升高。这两方面的因素造成水泵进、出口水温的温差。因此只需要测出泵进、出口的温差和压力,即可求得水泵的效率。这种方法的基本依据就是能量守恒定律。从原理上看,热力学法测量的是占总能量中比例较小的“损失项”,而水力学方法测量的是占总能量中比例较大的“有用功率”,所以热力学法测量结果的准确度比水力学方法高。国际上将热力学方法定为大功率水泵的精密级测试手段之一。

由于水泵进、出水口处的水温之差较小,通常不会超过 10℃,若分别使用两个传感器分别测出进、出水口的水温,再做减法,可能造成很大的误差。必须采用测量温度差的方法来直接得到 Δt。

测量温度差的方法很多,可以使用贝克曼差式温度计(刻度范围 0～5℃,最小分度值0.01℃)、石英晶体温度计(分辨率 0.001℃)、双铂热电阻电桥和双热电偶法等。由于热电偶属于自发电型传感器,所以简单地将两根热电偶反向串联后,两者的热电动势可以得到抵消,ΔE 基本上与温度 Δt 成正比,而与电缆、接线端子的电阻无关,比采用双铂热电阻电桥误差小。利用热电偶等传感器测量水泵效率的原理如图 4-5 所示。

在图 4-5 中,将两根同型号的热电偶分别安装在进水口和出水口处,它们的输出反向串联,其热电动势之差 $E_{21}(E_1-E_2)$ 与出、进水口的温差成正比。计算机根据有关的分度表和热力学公式就可以计算出水泵的效率 η。计算水泵效率的热力学方程有多种。

考虑到水流泄漏和轴承摩擦力等因数之后的一个近似公式:

$$\eta \approx \alpha \Delta P / 1.02(\beta \Delta P + C_p \Delta t) \times 100\%$$

式中:α——水的比容(m^3/kg);

β——水的压缩系数(m^3/kg);

C_p——水的比热容[$J/(kg \cdot K)$];

ΔP——水泵进、出水口处的水压之差(Pa);

Δt——水泵进、出水口处的水温之差(K)。

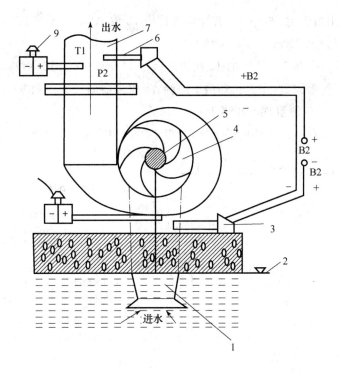

图 4-5　热力学法测量水泵效率

由于式中的 ΔP 与扬程有关。工程中常采用 MPa 来作为扬程的重要指标。1 MPa 大约相当于 100 m 的扬程。

3．热电偶的选择

热电偶的种类很多,可以从表 4-2 列出的 8 种标准化通用热电偶中选择。选择的依据是测温范围、灵敏度和稳定性等参数。在 8 种标准化通用热电偶中,灵敏度最高的是分度号为 E 的热电偶。E 型热电偶在 100℃时的热电动势为 6.319 mV,性能稳定,较适合本项目的要求。

E 型热电偶又有装配式和铠装式之分。装配式具有安装法兰,不易漏水,比较适合本项目装配式热电偶的热响应时间较长,应选择保护管直径较细的规格,以减小水温波动的影响。WR 系列装配式热电偶型号的含义如图 9-22 所示,可根据水泵的扬程、测试时间的要求,选择不同的型号,例如,ϕ16 mm 装配式热电偶的热响应时间为 180 s,从机械强度和响应时间综合考虑,较为适合本项目。

4．放大器的设计

设泵的扬程为 30 m,被测水温初始值为 10~100℃,被测水泵的效应为 60%~80%,若希望测量误差不超过 2.5%,由有关的热力学方程可以算得,测温误差不应超过 0.2℃。

设最大温差 Δt 为 10℃,则两根 E 型热电偶的输出电动势之差约为 0.632 mV。0.

2℃的测温误差相当于 12.64 μV。若计算机选用 12 位 ADC(5 V 满度输出为 2 的 12 次方),它的分辨率为 1.22 mV,则放大倍数应为

$$K = (5\ 000\ mV/2\ 的\ 12\ 次方)/(0.632\ mV \times 0.2/10) = 96.6$$

考虑到抗干扰等因数,根据长期测试经验,将放大器的放大倍数取计算值的 4 倍,为 386.4 倍,则 0.2 ℃的测温误差相当于 4.88 mV。

由于工业现场存在大量的电磁干扰,所以必须选用隔离式放大器,如图 4-6 所示。

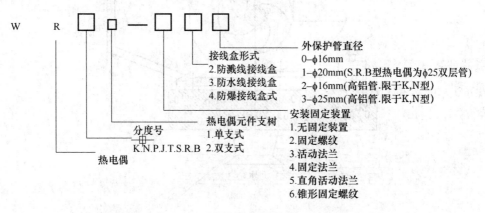

图 4-6　隔离式放大器

三、系统调试

(1) 调零。当进、出水口处的温差为零时,放大器的输出电压必须为零。由于热电偶不完全对称等原因,将导致放大器的输出不为零。调零时,将两根良好接地的不锈钢 E 型装配式热电偶插入盛有温水(40℃左右)的大型保温桶中,静候 20 min。待不锈钢保护管中的热电极达到热平衡后,调节放大器的调零电位器,使放大器的输出电压等于零。将水温缓慢升高到 100℃,放大器的输出电压必须始终为零。若偏差超过 2 mV,应更换其中的一根热电偶,重新进行配对。若发现无法配对,应更换热电偶生产商。

(2) 调满度。将上述两根冷点偶分别插入两个盛有 40.0℃和 50.0℃温水(用同一根 0.1℃刻度的玻璃温度计校准)的保温桶中,静候 20 min。调节放大器的调满度电位器,使放大器的输出电压等于 244.0 mV。

(3) 获取"热电动势差值/温度($\Delta E/\Delta t$)修正系数"。将第一个保温桶的水温缓慢上升,第二个保温桶的水温保持不变,测量放大器的输出电压。水温每增加 1.0℃,输出电压应增加 24.40 mV。如果发现偏差,记录该差值,为计算机的 $\Delta E/\Delta t$ 修正子程序提供修正系数。

四、误差原因分析

（1）热力学法测量水泵效率简便易行,但水泵出口与入口的温差 Δt 很小,对高压水泵,为 $4\sim10℃$;对常温常压水泵则更小。若要保证效率测量的误差不超过 $1‰$,当水温为 $20℃$、泵扬程为 $3\ MPa$ 时,最大允许温度测量的误差为 $0.05℃$。因此,热力学法的主要误差由泵出入口微小温差测量的精准度决定。

（2）热电偶的分度表是热电偶的热电动势与温度的对照表,依据两根热电偶的输出热电动势之差直接查分度表是有误差的。必须依赖实验数据来修正测量结果。

（3）热力学测量水泵效率的理论方程忽略了许多实际影响因数,还需要进一步完善其数学模型,对不同的测量对象给出不同的修正系数。

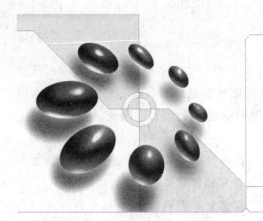

项目五　光电传感器

课题一　光电效应及光电元件

光电传感器的理论基础是光电效应。用光照射某一物体,可以看做物体受到一连串能量为 hf 的光子的轰击,组成这物体的材料吸收光子能量而发生相应电效应的物理现象称为光电效应。通常把光电效应分为三类:

(1) 在光线的作用下能使电子逸出物体表面的现象称为外光电效应,基于外光电效应的光电元件有光电管、光电倍增管、光电摄像管等。

(2) 在光线的作用下能使物体的电阻率改变的现象称为内光电效应,基于内光电效应的光电元件有光敏电阻、光敏二极管、光敏晶体管及光敏晶闸管等。

(3) 在光线的作用下,物体产生一定方向电动势的现象称为光生伏特效应,基于光生伏特效应的光电元件有光电池等。

第一类光电元件属于玻璃真空管元件,第二、三类属于半导体元件。

一、基于外光电效应的光电元件

光电管属于外光电效应的光电气元件,下面简要介绍它的工作原理。光电管的外形如图 10-1 所示。金属阳极 a 和阴极 k 封装在一个石英玻璃壳内,当入射光照射在阴极板上时,光子的能量传递给阴极表面的电子,当电子获得的能量足够大时,电子就可以克服金属表面对它的束缚而逸出金属表面,形成电子发射,这种电子称为"光电子"。电子逸出金属表面的速度 u 可由能量守恒定律确定

$$1/2mu^2 = hf - W$$

式中:m——电子质量;

W——金属材料（光电阴极）逸出功；

　　f——入射光的频率。

　　上式即为著名的爱因斯坦光电方程，它揭示了光电效应的本质。逸出功与材料的性质有关，当材料选定后，要使电子表面有电子逸出，入射光的频率 f 有一最低限度，当 hf 小于 W 时，即使光电量很大，也不可能有电子逸出，这个最低限度的频率称为红限。当 hf 大于 W 时，光电量越大，撞击到阴极的光子数目也就越多，正比于光照度。

　　由于材料的逸出功不同，所以不同材料的光电阴极对不同频率的入射光有不同的灵敏度，人们可以根据检测对象是可见光或紫外光而选择不同阴极材料的光电管。光电管的图形符号及测量电路如图 5-1 所示。目前紫外光电管在工业检测中多用于紫外线测量、火焰检测等，可见光较难引起光电子的发射。

　　外光电效应的典型元器件还有光电倍增管。它的灵敏度比上述光电管高出几万倍，在星光下就可以产生可观的电流，光通量在流明的很大变化区间内，其输出电流均能保持线性，因此可用于微光测量，如探测高能射线产生的辉光等。但由于光电倍增管是玻璃真空器件，体积大、易破碎，工作电压高达上千伏，所以目前已逐渐被新型半导体光敏元件所取代，如图 5-2 所示。

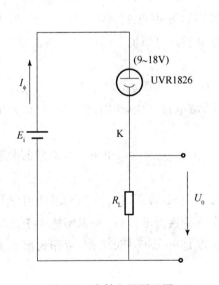

图 5-1　光敏电阻原理图

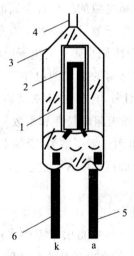

1-阳极a2阴极k

3-石英玻璃外壳；4-抽气官蒂；

5-阳极引脚；6-阴极引脚

图 5-2　光电管的结构

二、基于内光电效应的光电元件

1. 光敏电阻

（1）工作原理

光敏电阻的工作原理是基于内光电效应。在半导体光敏材料两端装上电机引线，将其封装在带有透明窗的管壳里就构成光敏电阻，如图 5-2 所示。为了增加灵敏度，两电极常作成梳妆，如图 5-3 所示，图形符号如图 5-4 所示。

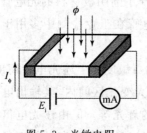

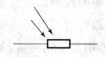

图 5-3　光敏电阻　　　　　　　　　　　图 5-4　图形符号

构成光敏电阻的材料有金属的硫化物等半导体。半导体的导电能力完全取决于半导体带内载流子数目的多少。当光敏电阻受到光照时，若光子能量 hf 大于该半导体材料的禁带宽度，则价带中的电子吸收光子能量后跃迁到导带，成为自由电子，同时产生空穴，电子-空穴对的出现使电阻率变小。光照越强，光生电子-空穴对就越多，阻止就越低，入射光消失，电子-空穴对逐渐复合，电阻也逐渐恢复原值。

（2）光敏电阻的特性和参数

① 暗电阻。置于室温、全暗条件下测得的稳定电阻值称为暗电阻。通常大于 1 MΩ。光敏电阻受温度影响大，温度上升，暗电阻减小，暗电流增大，灵敏度下降，这是光敏电阻的一大缺点。

② 光电特性。在光敏电阻两极电压固定不变时，光照度与电阻及电流间的关系称为光电特性。某型号光敏电阻的光电特性如图 5-5 所示。从图中可以看到，当光照大于 100 lx 时，它的光电特性非线性就十分严重了。而 150 lx 是教育部门要求所有学校课堂桌面所必须达到的标准照度。由于光敏电阻光电特性为非线性，所以不能用于光的额精密测量，只能用于定性地判断有无光照，或光照度是否大于一设定值，可作为照相机的测光元件。

③ 响应时间。光敏电阻受光照后，光电流需要经过一段时间（上升时间）才能达到其稳定值。同样，在停止光照后，光电流也经过一段时间（下降时间）才能恢复到其暗电流值，这就是光敏电阻的时延特性。光敏电阻的上升响应时间和下降响应时间为 0.1 ～ 0.01 s，可见光敏电阻不能用在要求快速响应的场合。

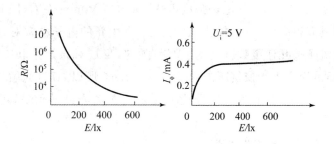

图 5-5　光敏电阻的光电特性

（3）关于照度

在图 5-5 的光电特性曲线中，光敏电阻的输入信号为光的照度 E，单位是 lx（勒克斯），它是常用的光度学单位之一。它表示受照物体被照亮程度的物理量。光度学中更常用的单位是流明（lm），它是光通量的单位。它与人的眼睛感受到的光强有关，也与光的波长（颜色）有关。所有的灯具都以流明来表示输出光通量的大小。

2. 光敏二极管、光敏晶体管

光敏二极管、光敏晶体管（光敏三极管）、光敏晶闸管等的工作原理均是基于内光电效应。光敏晶体管的灵敏度比光敏二极管高，但频率特性较差，暗电流也较大。目前还研制出光敏晶闸管，它的导通电流比光敏晶体管大得多，工作电压有的可达数百伏，因此输出功率大，主要用于光控开关电路及光耦合器中。

（1）光敏二极管结构及工作原理

光敏二极管结构与一般二极管不同之处在于：将光敏二极管的 PN 结设置在透明管壳顶部的正下方，可以直接受到光的照射。光敏二极管如图 5-6 所示，它在电路中处于反向偏置状态。光敏二极管的反向偏置接法如图 5-6 所示。

在没有光照时，由于光敏二极管反向偏置，所以反向电流很小，这时的电流称为暗电流，相当于普通二极管的反向饱和漏电流。当光照射在光敏二极管的 PN 结（又称耗尽层）上时，在 PN 结附近产生的电子-空穴对数量也随之增加，光电流也相应增大，光电流与照度成正比。

目前还研制出几种新型的光敏二极管，它们都具有优异的特性。

① PIN 光敏二极管。它是在 P 区和 N 区之间插入一层电阻率很大的 I 层，从而减小了 PN 结的电容，提高了工作频率。PIN 光敏二极管的工作电压（反向偏置电压）高达 100 V 左右，光电转换效率较高，所以其灵敏度比普通的光敏二极管高得多，响应频率可达到数十兆赫，可用作光盘的读出光敏元件，特殊结构的 PIN 二极管还可用于测量紫外线或 γ 射线以及短距离光纤通信。

② APD 光敏二极管（雪崩光敏二极管）。它是一种具有内部倍增放大作用的光敏二极管。它的工作电压高达上百伏，它的工作原理有点类似于雪崩型稳压二极管。

当有一个外部光子射入到其 PN 结上时，将产生一个电子空穴对。由于 PN 结上施加了很高的反向偏压,PN 结中的电场强度可达 100 000 V/mm 左右,因此将光子所产生的光电子加速到具有很高的功能,撞击其他原子,产生新的电子空穴对,如此多次碰撞,以致最终造成载流子按几何级数剧增的"雪崩"效应,形成对原始光电流的放大作用,增益可达几千倍,而雪崩产生和恢复所需的时间小于 1 ns,所以 APD 光敏二极管的工作频率可达几千兆赫,非常适用于微光信号检测以及长距离光纤通信等,可以取代光电倍增管。

（2）光敏晶体管结构及工作原理

光敏晶体管有两个 PN 结。与普通晶体管相似,也有电流增益。图 5-6 示出了 NPN 型光敏晶体管的结构及符号。多数光敏晶体管的基极没有引出线。只有正负(C、E)两个引脚,所以其外形与光敏二极管相似,从外观上很难区别。

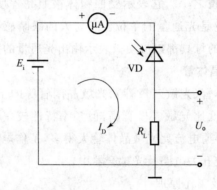

图 5-6　NPN 型光敏晶体管的结构及符号

光线通过透明窗口落在基区及集电结上,当电路按图 5-7 所标示的电压极性连接时,集电结反偏,发射结正偏。当入射光子在集电结附近产生电子-空穴对后,与普通晶体管的电流放大作用相似,集电极电流 I_c 是原始光电流的 β 倍,因此光敏晶体管比二极管的灵敏度高许多。光敏晶体管图形符号如图 5-8 所示。

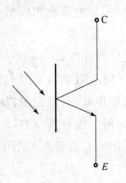

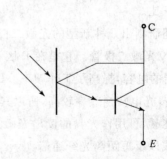

图 5-7　光敏晶体管电路　　　　　　　　图 5-8　光敏晶体管图形符号

3. 光敏晶体管的基本特性

(1) 光谱特性。不同材料的光敏晶体管对不同波长的入射光,其相对灵敏度 K_r 是不同的,即使是同一材料(如硅光敏晶体管),只要控制其 PN 结的制造工艺,也能得到不同的光谱特性。例如,硅光敏元件的峰值波长为 0.8 μm 左右,但现在已分别制出对红外光、可见光直至蓝紫光敏感的光敏晶体管,光敏晶体管的光谱特性如图 5-9 所示。其中的曲线 1 为硅光敏晶体管。有时还可在光敏晶体管的透光窗口上配以不同颜色的滤光玻璃,以达到光谱修正的目的,使光谱响应峰值波长根据需要而改变,据此可以制作色彩传感器。锗光敏晶体管的峰值波长为 1.3 μm 左右,由于它的漏电及温漂较大,已逐渐被其他新型材料的光敏晶体管所代替。

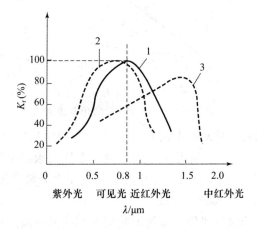

图 5-9　光敏晶体管的光谱特性

目前已研制出专用的"颜色传感器"。它能输出红、绿、蓝三色信号。计算机根据三色信号的比例,可以判断被测物的颜色。

(2) 伏安特性。某系列二极管及晶体管的伏安特性如图 5-10 所示。在图 5-10(a)中,硅光敏二极管工作在第三象限。流过它的电流与光照度成正比(曲线的间隔相等),正常使用时应施加 1.5 V 以上的反向偏置电压为宜。

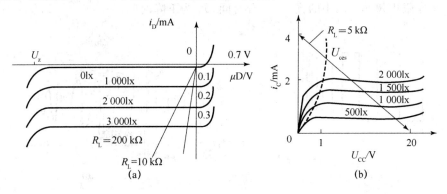

图 5-10　光敏晶体管伏安特性

光敏晶体管在不同照度下的伏安特性与一般晶体管在不同基极电流下的输出特性相似。从图 5-10 中可以看出，光敏晶体管的工作电压一般应大于 3 V。若在伏安特性曲线上作负载线，便可求的某光强下的输出电压 U_{cc}。

（3）光电特性。某系列光敏晶体管的光电特性如图 5-11 中的曲线 1、曲线 2 所示。从图 5-11 可以看出，光电流与光照度成线性关系，光敏晶体管的光电特性曲线斜率较大，说明其灵敏度较高。

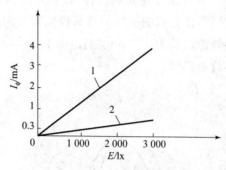

图 5-11　光敏晶体管的光电特性

（4）温度特性。温度变化对亮电流影响不大，但对暗电流的影响非常大，并且是非线性的，将给微光测量带来误差。硅光敏晶体管的温漂比光敏二极管大许多，虽然硅光敏晶体管的灵敏度较高，但在高准确度测量中却必须选用硅光敏二极管，并采用低温漂、高准确度的运算放大器来提高检测灵敏度。

（5）响应时间。工作级硅光敏二极管的响应时间为 0.000 000 1～0.000 01 s，光敏晶体管的响应时间比相应的二极管慢约一个数量级，因此在要求快速响应或入射光调制频率（明暗交替频率）较高时，应选用硅光敏二极管。

某型号光敏二极管频率特性如图 5-12 所示。当光脉冲的重复频率提高时，由于光敏二极管的 PN 结电容需要一定的充放电时间，所以它的输出电流的变化无法立即跟上光脉冲的变化，输出波形产生失真。当光敏二极管的输出电流或电压脉冲幅度减小到低频时的 1/根号 2 时，失真十分严重，该光脉冲的调制频率就是光敏二极管的最高工作频率 f_H，又称截止频率。图中的 T_r 为上升时间，T_f 为下降时间。

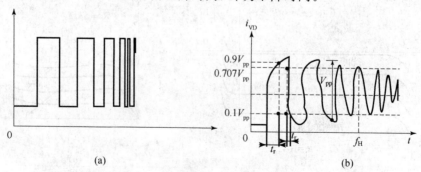

图 5-12　光敏二极管频率特性

由于光敏晶体管基区的电荷存储效应,所以在强光照和无光照时,光敏晶体管的饱和与截止需要更多的时间,所以它对入射调制光脉冲的响应时间更慢,最高工作频率 f_H 更低。

三、基于光生伏特效应的光电元件

光电池能够将入射光能量转换成电压和电流属于光生伏特效应元件。从能量转换角度来看,光电池是作为输出电能的器件而工作的。例如人造卫星上就安装有展开达十几米长的太阳能光电池板。从信号检测角度来看,光电池作为一种自发电型的光电传感器,可用于检测光的强弱,以及能引起光强变化的其他非电量。

1. 结构、工作原理及特性

图 5-13 是光电池结构示意图。通常是在 N 型衬底上制造一薄层 P 型层作为光照敏感面。当入射光子的能量足够大时,P 型区每吸收一个光子就产生一对光生电子—空穴对,光生电子—空穴对的浓度从表面向内部迅速下降,行程由表及里扩散的自然趋势。PN 结又称空间电荷区,它的内电场使扩散到 PN 结附近的电子—空穴对分离,电子通过漂移运动被拉到 N 型区,空穴留在 P 区,所以 N 区带负电,P 区带正电。如果光照是连续的,经短暂的时间(μs 数量级),新的平衡状态建立后,PN 结两侧就有一个稳定的光生电动势输出。

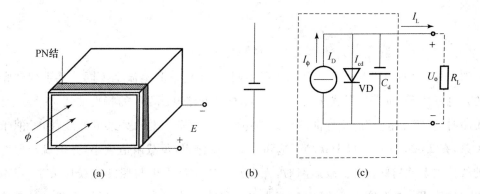

图 5-13　光电池结构示意图

光电池的种类很多,有硅、砷化镓、氧化铜、锗、硫化镉光电池等。其中应用最广的是硅光电池,这是因为它有一系列优点:性能稳定、光谱范围宽、频率特性好、传递效率高、能耐高温辐射、价格便宜等。

2. 光电池的基本特性

(1)光谱特性。如图 5-14 所示为硅、锗光电池的光谱特性。随着制造业的进步,硅光电池已具有从蓝紫到近红外的宽光谱特性。目前许多厂家已生产出峰值波长为

0.7 μm(可见光)的硅光电池,在紫光(0.4 μm)附近仍有 40%～60%的相对灵敏度,这大大扩展了硅光电池的应用领域。

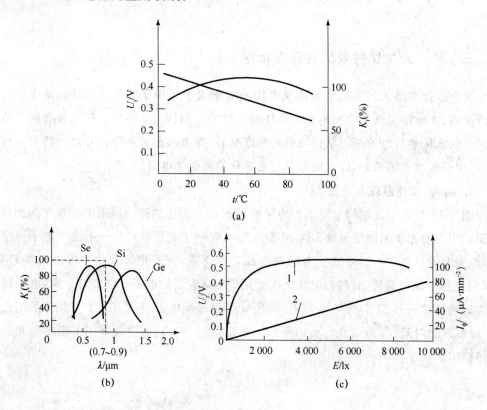

图 5-14　光电池的温度特性

（2）光电特性。硅光电池的负载电阻不同,输出电压和电流也不同。某系列硅光电池的光电特性5。曲线 1 是光电池负载开路时的"开路电压"U_o 的特性曲线,曲线 2 是负载短路时的"短路电流"的特性曲线。开路电压 U_o 与光照度的关系成非线性,近似于对数关系,在 2 000 lx 照度以上就趋于饱和。由实验测得,负载阻值越小,光电流与照度之间的线性关系就越好。当负载短路时,光电流在很大范围内与照度成线性关系,当希望光电池的输出与光照度成正比时,应把光电池作为电流源来使用;当被测非电量是开关量时,可以把光电池作为电压源来使用。

从图 5-13 的光电池等效电路中也可以看出,光电池事实上是一个光控恒流源。当 $R_1=0$ 时,光电池输出的光电流与光照度成正比。当 R_1 开路时,由于等效电路中并连着一个由光电池 PN 结构成的二极管,当它的输出电压超过 PN 结的导通电压 0.5～0.7 V 时,光电流就通过该 PN 结形成回路,所以单片硅光电池的输出电压不可能超过 PN 结的导通电压。如果要得到较大的输出电压,必须将数块光电池串联起来。

（3）光电池的温度特性。光电池的温度特性是描述光电池的开路电压 U_o 及短路电

流 I。随温度变化的特性。从图 5-14 可以看出,开路电压随温度增加而下降,电压温度系数约为 $-2\,mV/℃$,短路电流随温度上升缓慢增加,输出电流的温度系数较小。当光电池作为检测元件时,应考虑温度漂移的影响,采取相应措施进行补偿。

(4)频率特性。频率特性是描述入射光的调制频率与光电池输出电流间的关系。由于光电池受照射产生电子—空穴对需要一定的时间,因此当入射光的调制频率太高时,光电池输出的光电流将下降。硅光电池的面积越小,PN 结的极间电容也越小,频率响应就越好,硅光电池的频率响应可达数十千赫至数兆赫,硒光电池的频率特性较差,目前已经较少使用。

课题二　光电元件的基本应用电路

光敏电阻、光敏二极管和光敏三极管根据自身的特点,应用在不同的电路,可以达到不同的效果。

一、光敏电阻的基本应用电路

如图 5-15 所示为 U_o 与光照的变化趋势相同的电路,其中,光敏电阻与一固定电阻负载相串联。当没有光照时,光敏电阻 R_ϕ 很大,则电流 I_ϕ 在 R_L 上的压降 U_o 较小。随着光照强度的增大,光敏电阻 R_ϕ 减小,则电流 I_ϕ 在 R_L 上的压降 U_o 增大。

如图 5-15 所示为 U_o 与光照的变化趋势相反的电路,其中,光敏电阻与一固定电阻的负载相串联。当没有光照时,光敏电阻 R_ϕ 很大,则电流 I_ϕ 在 R_ϕ 上的压降 U_o 较大。随着光照强度的增大,光敏电阻 R_ϕ 减小,则电流 I_ϕ 在 R_L 上的压降 U_o 减小。

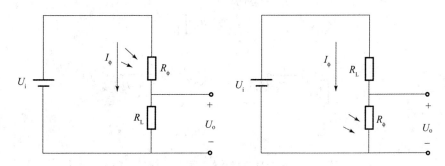

图 5-15　光敏电阻的电路

二、光敏二管的基本应用电路

光敏二极管在电路的应用中必须使用反向截止状态,否则,光敏二极管的电流就与普通二极管的电流一样不受入射光的影响。如图 5-16 所示为光敏二极管的基本应用电路,该电路是用反相器将光敏二极管的输出电压转换成 TTL 电平。

当没有光照时,光敏二极管处于截止状态,这时反向电流非常小,电流 I_ϕ 在 R_L 上的压降较小,电压 U_i 较大,输入电压 U_i 经过反相器后输出的 U_o 将是一个低电平。随着光照强度的增大,光敏二极管的光电流增大,电流 I_ϕ 在 R_L 上的压降 U_o 增大,电压 U_i 减小,输入电压 U_i 经过反向器后输出的 U_o 将是一个高电平,即该电路的光照强度和输出电压成正比。

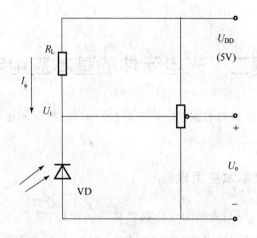

图 5-16 光敏二极管的基本应用电路

光敏三极管在电路中必须使用集电结反偏,与普通的三极管接法相同。如图 5-17 所示为锗光敏三极管的两种基本应用电路。

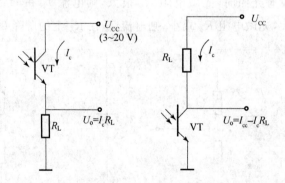

图 5-17 锗光敏三极管的两种基本应用电路

图 5-17(a)为发射极输出电路。在没有光照时,该电路的光敏三极管处于截止状态,通过三极管的光电流很小,输出电压也很小;随着光照强度增加,光电流增加,输出电压也增加。图 5-17(b)为集电极输出电路,该图与图 5-17(a)相反,它的光照强度与输出电压成反比。锗光敏三极管发射极与集电极输出电路状态的比较,如表 5-1 所示。

表 5-1 锗光敏三极管发射极和集电极输出电路状态的比较

电路形式	无光照射			强光照射		
	三极管状态	I_c	U_o	三极管状态	I_c	U_o
发射极输出电路	截止	0	0(低电平)	饱和	$(U_{cc}-0.3)/R_L$	I_cR_L(高电平)
集电极输出电路	截止	0	U_{cc}(高电平)	饱和	$(U_{cc}-0.3)/R_L$	$U_{cc}-I_cR_L$(低电平)

由表 5-1 可知，发射极输出电路的输出电压变化与光照的变化趋势相同，而集电极输出电压恰好相反。

如图 5-18 所示为利用光敏三极管来达到强光照时继电器吸合的电路，请分析该电路的工作过程。

解 当没有光照时，光敏三极管 VT_1 截止，电流 $I_B=0$，三极管 VT_2 也截止，继电器 KA 处于失电的(释放)状态。当有光照时，光敏三极管 VT_1 产生较大的光照 I_ϕ，一部分光电流 I_ϕ 流过电阻 R_{B2}，另一部分光电流 I_ϕ 流过电阻 R_{B1} 及三极管 VT_2 的发射结。当电流 $I_B>I_{BS}$（$I_{BS}=I_{CS}/\beta$）时，三极管 VT_2 也饱和，将会产生较大的集电极饱和电流 I_{CS}，三极管 $I_{CS}=(U_{CC}-0.3)/R_{KA}$，因次，继电器得电并吸合。

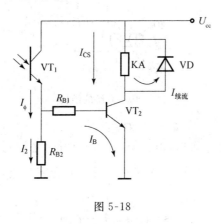

图 5-18

课题三 光纤传感器

一、光纤传感器元件

光导纤维传感器简称为光纤传感器，是目前发展速度很快的一种传感器，光纤不仅可以用来作为光波的传输介质在长距离通信中应用，而且光在光纤中传播时，表征光波的特征参量(振幅、相位、偏振态和波长等)因外界因素(如温度、压力、磁场、电场和位移等)的作用而间接或直接地发生变化，从而可将光纤作为传感器元件来探测各种待测量。光纤传感器的测量对象涉及位移、加速度、液体、压力、流量、振动、水声、温度、电压、电流、磁场、核辐射、应变、荧光、pH 值和 DNA 生物量等诸多内容。

光纤传感器和其他传感器相比,由抗电磁干扰强、灵敏度高、重量轻、体积小和软柔等优点。它对军事、航空航天和生命科学等的发展起着十分重要的作用,应用前景十分广阔。

1. 光纤的结构

光纤是一种多层介质结构的圆柱体,其结构如图 5-19 所示,该圆柱体由纤芯、包层和护层组成。纤芯材料的主体是二氧化硅或塑料,制成很细的圆柱体,其直径在 $5\sim 75\ \mu m$ 内。有时在主体材料中掺入极微量的其他材料。如二氧化锗或五氧化二磷等,以便提高光的折射率。围绕纤芯的是一层圆柱形套层(包层),包层可以是单层,也可以是多层结构,层数取决于光纤的应用场所,但总直径控制在 $100\sim 200\ \mu m$ 范围内。包层材料一般为二氧化碳,也有的掺入极微量的三氧化二硼或四氧化硅,但包层掺入的目的却是为了降低其对光的折射率。包层外面还要涂上如硅铜或丙烯酸盐等涂料,其作用是保护光纤不受外来的损害,增加光纤的机械强度。光纤最外层是一层塑料保护管,其颜色用以区分光缆中各种不同的光纤。

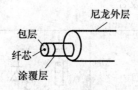

图 5-19 光纤的结构

2. 光纤的传光原理

若光线以较小入射角 θ_1 入射,由光密介质(n_1)射向光疏介质(n_2),则一部分光以折射角 θ_2 折射入光疏介质,一部分以 $90°-\theta_1$ 角反射回光密介质,如图 5-20 所示。其入射方向与折射方向关系为

$$\sin\theta_1 / \sin\theta_2 = n_2 / n_1$$

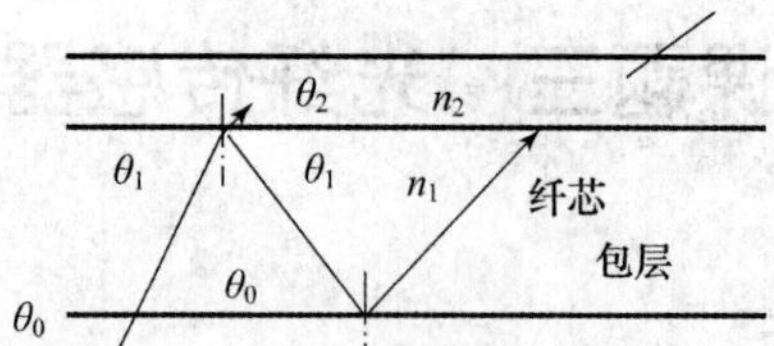

图 5-20 光纤的传光原理

式中的 $\sin\theta_1 / \sin\theta_2$ 为一定值。若增大 θ_1,则 θ_2 增大,当 θ_1 达到 θ_c 时,折射角 $\theta_2 = 90°$,即折射光折向界面方向,称此时的入射角 θ_c 为临界角。所以

$$\sin\theta_c = n_1 / n_2$$

当入射角 θ_1 大于临界角度时,光线就不会透过其界面而全部反射到光密介质内部,即发生全反射。这时光线射入光纤端面时与光纤轴的夹角 $90°-\theta_1$ 小于一定值,光线就不会射出纤芯,不断地在纤芯和包层界面产生全反射而向前传播。

光在界面上无数次反射,呈锯齿形状路线在芯内向前传播,最后从光纤的另一端传出,这就是光纤的传光原理。即为保证全反射,要求 $\theta_1 > \theta_c$,这时

$$NA = \sin \theta_c = n_1^2$$

式中的 NA 称为数值孔径,是表示向光导纤维入射的信号光波难易程度的参数。一种光导纤维的 NA 越大,表明它可以在较大入射角范围内输入全反射光,并保证此光波沿芯子向前传输。NA 越大,纤芯对光能量的束缚越强,光纤抗弯曲性能越好;但 NA 越大,经光纤传输后产生的信号畸变越大,因而限制了信息传输容量。所以要根据实际使用场合,选择适当的 NA,如图 5-20 所示。

二、光纤的分类

根据光纤横截面上折射率分布的情况,可分为阶跃折射率型和渐变折射率型(也称为梯度折射率型)。对于阶跃折射率光纤,在纤芯中折射率分布是均匀的,在纤芯和包层的界面上折射率发生突变;而对于渐变折射率光纤,折射率在纤芯中连续变化。

根据光纤中的传输模式数量,光纤又可分为多模光纤和单模光纤。在一定的工作波长下,多模光纤是能传输许多模式的介质波导,而单模光纤只传输基模。

多模光纤折射率可以采用阶跃型分布,也可以采用渐变型分布;单模光纤折射率多采用阶跃型分布。

三、光纤传感器的工作原理

光纤传感器的基本工作原理是将来自光源的光经过光纤送入调制器,使待测参数与进入调制区的光相互作用后,导致光的光学性质(如光的想强度、波长、频率、相位和偏振态等)发生变化,成为被调制的信号光,再经过光纤送入光探测器,经解调器解调后,获得被测参数,根据工作原理,光纤传感器可以分为传感型和传光型两大类。

利用外界因素改变光纤中光的特征参数,从而对外界因素进行计量和数据传输的,称为传感型光纤传感器,它具有传光、传感合一的特点,信息的获取和传输都在光纤之中。传光型光纤传感器是指利用其他敏感元件测得的特征量,由光纤进行数据传输,它的特点是充分利用现有的传感器,便于推广应用。

光纤对许多外界参数有一定的效应,如电流、温度、速度和射线等。光纤传感器原理的核心是如何利用光纤的各种效应,实现对外界被测参数的"传"和"感"的功能。光纤传感器的核心就是光被外界参数的调制原理,调制的原理就能代表光纤传感器的机理。研究光纤传感器的调制器就是研究光在调制区与外界被测参数的相互作用,外界信号可能

引起光的特性（强度、波长、频率、相位和偏振态等）变化，从而构成强度、波长、频率、相位和偏振态调制原理。

1. 强度调制

利用被测量的因素改变光纤中光的强度，再通过光强的变化来测量外界物理量，称为强度调制。强度调制是光纤传感器使用最早的调整方法，其特点是技术简单、可靠，价格低，可采用多模光纤；光纤的连接器和耦合器均已商品化，光源可采用 LED 和高强度的白炽光等非相干光源。探测器一般用光电二极管、三极管和光电池等。

2. 波长调制和频率调制

利用外界因素改变光纤中光的波长或频率，然后通过检测光纤中的波长或频率的变化来测量各种物理量的原理，分别称为波长调制和频率调制。波长调制技术的解调技术比较复杂，对引起光纤或连续损耗增加的某些器件的稳定性不敏感，该调制技术主要用于液体浓度的化学分析、磷光和荧光现象分析、黑体辐射分析等方面。例如，利用热色物质的颜色变化进行波长调制，从而达到测量温度以及其他物理量。频率解调技术主要利用多普勒效应来实现，光纤常用传光型光纤，当光源发射出的光经过运动物体后，观察者所见到的光波频率相对于原频率发生了变化。根据此原理，可设计出多种测速光纤传感器，如激光多普勒光纤流速测量系统，如图 5-21 所示。

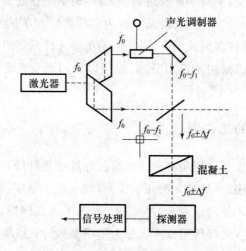

图 5-21 激光多普勒光纤流速测量系统

设激光光源频率为 f_0，经分束器分成两束光，其中被声光调制器调制成频率为 $f_0 - f_1$ 的一束光，射入探测器中；另一束频率为 f_0 的光经光纤射到被测物体流，如血液里的红血球以速度 v 运动时，根据多普勒效应，其反射光的光谱产生频率为 $f_0 \pm \Delta f$ 的光，它与 $f_0 - f_1$ 的光在光电探测器中混频后形成振荡信号，通过测量 Δf，从而换算出血流速度。

3. 相位调制

相位调制将光纤的光分为两束，一束相位受外界信息的调制，另一束作为参考光使两束光叠加形成干涉花纹,通过检测干涉条纹的变化可确定出两束光相位的变化,从而测出使相位变化的待测物理量。其调制机理分为两类:一类是将机械效应转变为相位调制,如将应变、位移和水声的声压等通过某些机械元件转换成光纤的光学量(折射率等)的变化,从而使光波的相位变化;另一类利用光学相位调制器将压力和转动等信号直接改变为相位变化。

光纤传感器的调制方法除了上面介绍的外,还有利用外界因素调制返回信号的基带频谱,通过检测基带的延迟时间、幅度大小的变化来测量各种物理量的大小和空间分布的时间调制;利用电光、磁光和光弹等物理效应进行的偏振调制等调制方法。

四、光纤传感器的特点

与传统的传感器相比,光纤传感器具有以下独特的优点。

(1)抗电磁干扰,电绝缘,耐腐蚀。由于光纤传感器是利用光波传输信息,而光纤又是电绝缘、耐腐蚀的传输媒质,并且安全可靠,这使它可以方便有效地用于各种大型机电、石油化工和矿井等强电磁干扰和易燃易爆等恶劣环境中。

(2)灵敏度高。光纤传感器的灵敏度优于一般的传感器,如测量水声、加速度、辐射和磁场等物理量的光纤传感器,测量各种气体浓度的光纤化学传感器和测量各种生物量的光纤生物传感器等。

(3)质量轻,体积小,可弯曲。光纤除具有质量轻、体积小的特点外,还有可挠的优点,因此可以利用光纤制成不同外形、不同尺寸的各种传感器,这有利于航空航天以及狭窄空间的应用。

(4)测量对象广泛。光纤传感器是最近几年出现的新技术,可以用来测量多种物理量,如声场、电场、压力、温度、角速度和加速度等,还可以完成现有测量技术难以完成的测量任务。目前已有性能不同的测量各种物理量、化学量的光纤传感器在现场使用。

(5)对被测介质影响小。光纤传感器与其他传感器相比具有很多优异的性能。例如,具有抗电磁干扰和原子辐射的性能;径细、质软、质量轻的机械性能;绝缘、无感应的电气性能;耐水、耐高温和耐腐蚀的化学性能等。这些性能对被测介质的影响较小。它能够在人达不到的地方(如高温区),或者对人有害的地方(如核辐射区)起到人的耳目的作用。而且还能超过人的生理界限,接收人的感官所受不到的外界信息,有利于在医药卫生等复杂环境中应用。

(6)便于复用,便于成网。有利于与现有光纤通信技术组成遥测网和光纤传感网络。

(7)成本低。有些种类的光纤传感器的成本大大低于现有同类传感器。

五、光纤传感器的应用举例

1. 光纤传感器涡轮流量计

将反射型光纤传感器与传统的涡轮流量测量原理相结合,制造出具有双光纤传感器的涡轮流量计。与传统的内磁式流量计相比,光纤传感器涡轮流量计具备了正反流量测量的性能。在检测原理上,光纤传感器克服了内磁式传感器磁性引力带来的影响,有效地扩大了涡轮流量计的量程比。

光纤传感器涡轮流量计就是把涡轮叶片进行改造,使其叶片端面适宜反射光线,利用反射型光纤传感器及光电转换电路检测涡轮叶片的旋转,从而测量出流量。

传统的内磁式传感器受结构限制,只能检测叶片的转速,由于反射型光纤传感器体积细小,因而将两个反射型光纤传感器并列装配在涡轮流量计上,这样两个传感器可检测同一涡轮叶片不同位置的反射信号,而两个传感器信号互不干扰。传感器输出的 f_{01} 信号和 f_{02} 信号经相位鉴别电路后可输出流量计正向流动计量信号和反向流动计量信号,如图 5-22 所示。

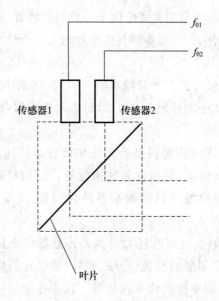

图 5-22　光纤传感器涡轮流量计

由于光纤传感器不存在内磁式传感器在低流速时与涡轮叶片产生阻值而引起的误差,也克服了内磁式传感器在高流量区信号产生饱和的问题,其调制光参数还可以随总体设计的要求而变化,为涡轮的设计创造了方便条件。另外,光纤传感器具有防爆、无电气信号直接与流量计接触的特点,因而适宜煤气和轻质油料等透明介质的流量测量。

2. 光纤温度传感器

光纤用在温度测量中是近几年发展起来的新技术,按照其调制原理有相干型和非相干型两类。在相干型中有偏振干涉和分布式温度传感器等;在非相干型中,有辐射式温度计、半导体吸收式温度计和荧光温度计等。下面介绍光纤辐射温度传感器的测量原理与结构。辐射温度传感器属于被动式温度测量,即无须光源,其测量原理是黑体辐射定律。单波长测温框图如图5-23所示。被测辐射热能由探头中物镜会聚,经滤色镜限制工作光谱范围后,将光经光纤送到探测器,由探测器把光强信号变换成电信号,再经线性化、V/I转换、A/D转换,就可由数字仪器读出温度,如图5-23所示。

光纤辐射温度计是非接触测量,可用于瞬时高温测量,且响应快,在冶金、窑炉、高频淬火、涡轮发电机、电站和油库等方面得到广泛的应用。

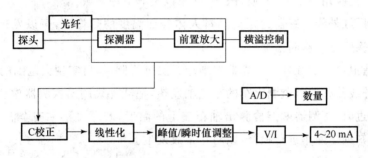

图5-23 单波长测温框图

3. 光纤加速度传感器

光纤加速度传感器的组成结构如图5-24所示。它是一种简谐振子的结构形式。激光束通过分光板后分为两束光,透射光作为参考光束,反射光作为测量光束。当传感器感受加速度时,由于质量块对光束的作用,从而使光纤被拉伸,引起光程差的改变。相位改变的激光束由单模光纤射出后与参考光束会合产生干涉效应。激光干涉仪的干涉条纹的移动可由光电接收装置转换为电信号,经过处理电路处理后便可正确地测出加速度值。

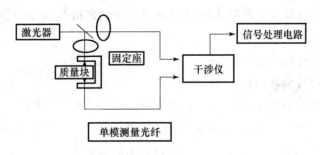

图5-24 光纤加速度传感器的组成结构

课题四　红外线传感器

利用物体产生红外辐射(红外线)的特性来进行测量的传感器称作红外线传感器。红外线又称红外光,它具有反射、折射、散射、干涉和吸收等性质。任何物质,只要它本身具有一定的温度(高于绝对零度),都能辐射红外线。红外线传感器测量时不与被测物体直接接触,因而不存在摩擦,并且有灵敏度高和响应快等优点。近年来,基于红外线的检测技术已经广泛应用于工业、农业、医学、气象以及航空等领域。

例如,采用红外线传感器远距离测量人体表面温度的热像图,可以发现温度异常的部位,及时对疾病进行诊断治疗。

利用人造卫星上的红外线传感器对地球云层进行监视,可实现大范围的天气预报。

采用红外线传感器可监测火车的车轮轴发热,把红外线测温探测器放置只挨铁路两旁,当列车通过时,探测器就能检测出轴箱盖上的温度,若超过某一安全温度时,则说明轴有危险,通知列车停车进行检修,以防止事故发生。

一、红外辐射

红外辐射是由于物体内部分子的转动及振动而产生的,这类振动过程是由于物体受热引起的,只有在热力学温度零度($-273.16℃$)时,一切物体的分子才会停止运动。也就是说,在常温下,所有的物体都是红外辐射的发射源。

红外辐射的物理本质是热辐射,物体的温度越高,辐射出来的红外线越多,红外辐射的能量就越强。

红外辐射和所有电磁波一样,是以波的形式在空间直线传播的,它在真空中的传播速度等于波的频率与波长的乘积,即等于光在真空中的传播速度,其表达式如下

$$C=\lambda f$$

式中:λ——红外辐射的波长,μm;

$\quad\ f$——红外辐射的频率,Hz;

$\quad\ C$——光在真空中的传播速度,$C=30\times10^{10}$ cm/s。

红外辐射在大气中传播时,由于大气中的气体分子、水蒸气以及固体微粒和尘埃等物质的吸收和散射作用,是辐射能量在传输过程中逐渐衰减。

二、红外传感系统

红外传感系统是用红外线为介质的测量系统,按照功能可分为以下 5 类:

(1) 辐射计。辐射计用于辐射和光谱测量。

（2）搜索和跟踪系统。搜索和跟踪系统用于搜索和跟踪红外目标，确定其空间位置并对它的运动进行跟踪。

（3）热成像系统。热成像系统可产生整个目标红外辐射的分布图像。

（4）红外测距和通信系统。

（5）混合系统。混合系统是指以上各类系统中的两个或者多个的组合。

红外传感器由两部分组成：

（1）红外辐射源，即有红外辐射的物体。

（2）红外探测器。红外探测器是能将红外辐射能转换为电能的热敏和光敏器件。

红外线探测器主要有两大类型：

① 测器（热电型），包括热释电、热敏电阻和热电偶等。

② 子探测器（量子型）。光子探测器的原理是利用某些半导体材料在红外辐射的照射下产生光电子效应，使材料电学性质发生变化，包括光敏电阻、光电管和光电池等。光子探测器与光电式传感器原理相同。

按照红外线传感器的工作原理，红外线传感器的工作原理为：

（1）待测目标。根据待测目标的红外辐射特性可进行红外系统的设定。

（2）大气衰减。待测目标的红外辐射通过地球大气层时，由于气体分子和各种气体以及各种溶胶粒的散射和吸收，将使得红外源发出的红外辐射发生衰减。

（3）光学接收器。光学接收器接收目标的部分红外辐射并传输给红外线传感器，相当于雷达天线，常用的是物镜。

（4）辐射调制器。辐射调制器将来自待测目标的辐射调制成交变的辐射光。提供目标方位信息，并可滤除大面积的干扰信号。辐射调制器又称调整盘或斩波器，它具有多种结构。

（5）红外探测器。红外探测器是红外系统的核心。它是利用红外辐射与物质相互作用所呈现出来的物理效应探测红外辐射的传感器，多数情况下是利用这种相互作用所呈现出的电学效应。

（6）探测器制冷器。由于某些探测器必须要在低温下工作，所以相应的系统必须要有制冷设备。经过制冷，设备可以缩短响应时间，提高探测灵敏度。

（7）相互处理系统。信号处理系统将探测的信号进行放大、滤波，并从这些信号中提取出信息，然后将此类信息转化成为所需要的格式，最后输送到控制设备或者显示器中。

（8）显示设备。显示设备是红外设备的终端设备，常用的显示器有示波器、显像管、红外感光材料、指示仪器和记录仪等。

依照上面的流程，红外系统就可以完成相应的物理量的测量。

三、热释电型红外线传感器

热释电型红外线传感器是 20 世纪 80 年代发展起来的一种新型的高灵敏度探测元

件。它能以非接触形式检测出人体辐射的红外线能量的变化,并将其转换成电压信号输出,将这个电压信号加以放大,便可驱动各种控制电路,如作电源开关控制、防盗防火报警和自动检测等。

1. 热释电效应

若使某些强介电常数物质的表面温度发生变化,随着温度的上升或下降,在这些物质的表面上就会产生电荷的变化,这种现象称为热释电效应。用具有这种效应的介质制成的元件称为热释电元件。

2. 组成

热释电型红外线传感器由滤光片、热释电红外敏感元件和高输入阻抗放大器等组成。敏感元件用锆钛酸铅(PZT)制成。锆钛酸铅不但具有压电效应,还具有热释电效应。当其温度变化 Δt 时,其晶体内部的原子排列将产生变化,发出极化电荷 ΔQ。设元件的电容为 C,则元件两电极间的输出电压 $\Delta U = \Delta Q/C$。必须指出的是,热释电效应产生的表面电荷不是永存的,它很快便被元件表面漏电及空气中的各种离子所中和。因此,热释电元件只能测量温度的变化量及强度周期变化的红外线。

为了使热释电元件更好地吸收远红外线,需要在其表面镀覆一层能吸收红外能量的黑色薄膜。为了防止可见光对热释电元件的干扰,必须在其表面安装一块滤光片。滤光片是在透光的硅基板上镀多层滤光膜做成的。如果某种型号的热释电传感器是用于防盗器的,那么滤光片应选取 $7.5 \sim 14 \ \mu m$ 波段。这是因为,每种物体发出的红外辐射波长不同。当人体外表面温度为 $36℃$ 时,人体辐射的红外线在 $7.4 \ \mu m$ 处最强。

3. 应用—红外报警器

如图 5-25 所示为红外报警器结构框图。菲涅尔透镜可以将人体辐射的红外线聚焦到热释电红外测元件上,同时也产生交替变化的红外辐射高灵敏区和盲区,以适应热释电探测元要求信号不断变化的特性;热释电红外传感器是报警器设计中的核心器件,它可以把人体的红外信号转换为电信号以供信号处理部分使用;信号处理主要是把传感器输出的微弱电信号进行放大、滤波、延迟、比较,为报警功能的实现打下基础。

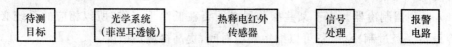

图 5-25 应用—红外报警器结构框图

当人体辐射的红外线通过菲涅尔透镜被聚焦在热释电红外传感器的探测元件上时,电路中的传感器将输出电压信号,然后使该信号先通过一个带通滤波器,由于热释电红外传感器输出的探测信号电压十分微弱(通常仅为 1 mV 左右),而且是一个变化的信号,同时菲涅尔透镜的作用又使输出信号电压呈脉冲形式(脉冲电压的频率由被测物体的移动速度决定,通常为 0.1~10 Hz),所以应对热释电红外传感器输出的电压信号进行放大。当传感器探测到人体辐射的红外线信号并经放大后送给窗口比较器时,若信号幅度超过窗口比较器的上下限,系统将输出高电平信号;无异常情况时则输出低电平信号。

通过中间转换,输出一脉宽信号,并用其作为报警电路的输入控制信号,来使电路产生
10 s 的报警信号,最后再一次对电信号进行放大,以便有足够大的电流来驱动喇叭,使其
连续发出 10 s 的报警声,热释电型红外线传感器还可以用来测量物体的温度和高温液体
或颗粒物体的料位等。

课题五　　激光传感器

　　激光技术是近代科学技术发展的重要成果之一,目前已被成功地应用于精密测量、
军事、宇航、医学、生物及气象等领域。

　　激光传感器虽然具有各种不同的类型,但它们都是将外来的能量(如电能、热能和光
能等)转化为一定波长的光,并以光的形式发射出来。激光传感器主要由激光发射器、激
光接收器及其相应的有关测量电路组成。它的测量原理基于光电效应,即激光光源通过
光学系统投射到被测物体上,将被测物体的变化转换成激光的变化,再经接收及转换器
将激光的变化转换成电量的变化输出。

一、激光的形成

1. 原理

　　在外界光子作用下,物质原子获得一定的能量后,从相应的低能级跃迁到高能级的
过程称为受激吸收;处在高能级上的原子,在外来光子的诱发下跃迁到低能级而发光,这
个现象称为受激辐射。不是任何外来光子都能引起受磁辐射,只有当外来光子的频率等
于激发态原子的某一固有频率时,才能引起受激辐射。受激辐射的光子与外来光子有完
全相同的频率、传播方向和振动方向。可以说,它把一个光子放大为两个光子。受激吸
收过程和受激辐射过程是同时存在、互相对立的。一般来说,受激吸收过程比受激辐射
过程要强,但要产生激光,必须使后者强于前者,因而常设法使高能态的原子数目多于低
能态的原子数目,通常称为"粒子数反转"。实现粒子数反转的方法很多,如用气体放电、
化学反应以及光照等来对基态原子进行激励。

2. 激光谱振腔

　　如图 5-26 所示是激光谱振腔原理图。激光谱振腔由两块反射镜组成,其中一块反
射率为 100%,称为全反射镜,另一块反射率为 95% 以上,称为部分反射镜。

　　当粒子数反转时,高能态的原子数就会多于低能态的原子数,一些高能态的原子数
自发地跃迁回低能态,辐射出自发光子来,另一些沿谐振腔轴向运动的光子经反射镜反
射,沿轴向反复运动,在运动的过程中又会激发高能态的原子产生受激辐射,如图辐射的
光子也参加到沿轴向反复运动的行列中,又去激发其他高能态原子产生受激辐射,如图
5-26(b)所示。如此不间断循环,沿谐振腔轴向运动的受激辐射光子越来越多,当光子积
累到足够数量时,使从部分反射镜一端输出一部分光,这就是激光。可见,没有谐振腔,

便不能形成激光。

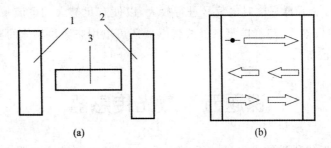

图 5-26　激光谐振腔原理图

3. 激光的特点

（1）高方向性。

高方向性就是高平行度，即光束的发散角小。激光束的发散角已小到几分，甚至可以小到几秒，所以通常称激光是平行光。

（2）高亮度。

激光在单位面积上的集中的能量很高，一台较高水平的红宝石脉冲激光器亮度达 1×10^{15} W/(cm$^2 \cdot$ sr)，比太阳的发光亮度高出很多倍。这种高亮度的激光束聚集后，能产生几百万摄氏度的高温，在这种高温下，即使最难溶的金属在一瞬间也会溶化。

（3）单色性好。

单色光是指谱线宽度很窄的一段光波。用 λ 表示波长，δ 表示谱线宽度，δ 越小，单色性越好。

在普通光源中最好的单色光是（氪—86 灯），它的波长和谱线宽度为

$$\lambda = 605.7 \text{ nm}, \delta = 0.000\,47 \text{ nm}$$

普通的氦氖激光器所产生的激光为

$$\lambda = 632.8 \text{ nm}, \delta < 1 \times 10^{-8} \text{ nm}$$

从上面数值可以看出，激光光谱单纯，波长变化范围小于 1×10^{-8} nm，与普通光源相比缩小了几万倍。所以说，激光是最好的单色光源。

（4）高相干性。

相干性就是指相干波在叠加区得到稳定的干涉条纹所表现的性质。普通光源是非相干光源，而激光是最好的相干光源。

由于激光具有上述特点，因此利用激光可以导向，可以做成激光干涉仪测量物体表面的平整度、长度、速度，可以切割硬质材料等。

4. 常用的激光器

激光器的种类很多，按其工作原理可以分为气体、液体、固体及半导体激光器。

（1）气体激光器。气体激光器的工作物质是气体，其中有各种惰性气体原子、金属蒸气，双原子和多原子气体以及气体离子等，其特点是体积小巧，能连续工作，单色性好，但

是输出功率不及固体激光器。

（2）固体激光器。固体激光器的工作物质是掺杂晶体和掺杂玻璃，最常用的是红宝石（掺铬）、钕玻璃（掺钕）和钇铝石榴石（掺钇），其特点是体积小而坚固，功率大（输出功率目前可达几十兆瓦）。

（3）液体激光器。液体激光器的工作物质是液体，其最大特点是它所发出的激光波长可以在某一波段内连续可调，连续工作而不降低效率。

（4）半导体激光器。半导体激光器是继气体和固体激光器之后发展起来的一种效率高、体积小、质量轻、结构紧凑，但是输出功率小的激光器。其工作物质是某些性能合适的半导体材料，其中具有代表性的是砷化镓激光器，它广泛应用于飞机、坦克、军舰和制导领域等。

二、激光检测技术的应用

利用激光的高方向性、高单色性和高亮度等特点可实现无接触式远距离测量。激光传感器常用于长度、距离、振动、速度以及方位等物理量的测量，还可用于探伤和大气污染物的监测等。

1. 激光测长

精密测量长度是精密机械制造工业和光学加工工业的关键技术之一。现代长度计量多是利用光波的干涉现象来进行的，其精度主要取决于光的单色性好坏。激光是最理想的光源，它比以往最好的单色光源（氪－86 灯）还纯 10 万倍，因此激光测长的量程大、精度高。

由光学原理可知，单色光的最大可测长度 L 与波长 λ 和谱线宽度 δ 之间的关系是

$$L = \lambda^2 / \delta$$

用普通单色光测量，可以测量的最大长度为 78 cm，对于较长物体就需分段测量而使精度降低。若用氦氖气体激光器，则最大可测几十千米。一般测量几米之内的长度，其精度可达 0.1 μm。

2. 激光测距

激光测距的基本原理是：将激光对准目标发射出去后，测量它的往返时间 t，再乘以光速 c 即得到往返距离 S，即

$$S = c \times t / 2$$

式中：t——激光发出与接收到返回信号之间的时间间隔。

激光具有高方向性、单色性好和高功率等优点，这些对于测远距离、判定目标方位、提高接收系统的信噪比以及保证测量精度等都是很关键的，因此激光测距仪日益受到重视。在激光测距仪基础上发展起来的激光雷达不仅能测距，而且还可以测目标方位、运行速度和加速度等，已成功地用于人造卫星的测距和跟踪，例如，采用红宝石激光器的激光雷达，测距范围为 500～2 000 km，误差仅为几米。目前常用红宝石激光器、钕玻璃激

光器、二氧化碳激光器以及砷化镓激光器作为激光测距仪的光源。

3. 激光测振

激光测振是基于多普勒原理测量物体的振动速度。

多普勒原理:若波源或接收波的观察者相对于传播波的媒质而运动,那么观察者所测到得频率不仅取决于波源发出的振动频率,还取决于波源或观察者的运动速度的大小和方向。所测频率与波源的频率之差称为多勒普频移。

在振动方向与运动方向一致时多普勒频移为

$$f_d = v/\lambda$$

在激光多普勒振动速度测量仪中,由于光往返的原因,故

$$f_d = 2v/\lambda$$

式中:v 为振动速度。

这种测振仪在测量时由光学部分将物体的振动转换为相应的多普勒频移,并由光学检测器将此频移转换为电信号,再由电路部分作适当处理后送往多普勒信号处理将多普勒频移信号变换为与振动速度相对应的电信号,最后记录于磁带。这种测振仪采用波长为 6 328 Å 的氦氖激光器,用声光调制器进行光谱调制,用石英晶体振荡器加功率放大器作为声光调制器的驱动源,用光电倍增管进行光电检测,用频率跟踪器来处理多普勒信号。

它的优点是使用方便,不需要固定参考系,不影响物体本身的振动,测量频率范围宽、精度高、动态范围大;缺点是测量过程受其他杂散光的影响较大。

4. 激光测车速

如图 5-27 所示为激光测速仪方块原理图。利用激光具有高方向性的特点,可以测量汽车以及火车等运动物体的速度。

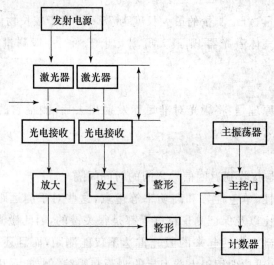

图 5-27　激光测速仪方块原理图

当被测物体进入相距为 s 的两个激光区间（测速区）内时，先后遮断两个激光器发出的激光光束。利用计数器记录主振荡器在先后遮断两激光束的时间间隔内的脉冲数 N，即可求得被测物体的速度，即

$$v = sf/N$$

式中：f 为主振荡器的振荡频率。

这种激光测速仪的测量精度较高，当被测对象速度为 200 km/h 时，精度可以达到 1.5%；速度为 100 km/h 时，精度为 0.8%。

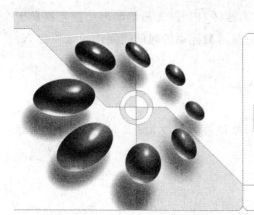

‖ 项目六 传感器信号的处理 ‖

课题一　传感器输出信号的特点

　　传感器所感知、检测、转换的信息表现为不同形式的电信号。用来表征传感器输出电信号的参量形式由多种多样,如有开关电信号型、模拟电信号型和脉冲电信号型等类型。开关电信号型多以电压输出型来表示;模拟电信号型可分为电压输出型、电流输出型、阻抗输出型、电容输出型、电感输出型;脉冲电信号型多以脉冲频率形式来表示。对于模拟电信号型中的后四种输出形式,往往要稍加转换,变换为电压输出型;对于脉冲电信号型的脉冲频率形式有时直接利用,有时要经频率-电压转换,变换成电压输出型。总之传感器的输出信号最终多以电压输出型来表示。

　　传感器的输出信号一般来说有以下的特点。

　　(1)传感器的输出信号形式多样,有的是直接以电压或电流的形式输出,而有的是以电阻、电感或者电容的形式输出,为此有时还需要进行形式上的转换处理。

　　(2)传感器的输出信号,一般比较微弱,有的传感器输出电压仅由 $0.1\ \mu V$。这样微弱的信号很容易被周围环境和系统本身所产生的噪声所淹没。

　　(3)传感器的输出阻抗都比较高,当其输出信号输入到测量电路时,会产生较大的衰减。

　　(4)传感器的输出信号与输入物理量之间的关系不一定是线性比例的关系。

　　(5)有些传感器的输出量会受温度的影响,有一定的温度系数。

　　根据以上传感器输出信号的特点,传感器最初的输出信号往往是不能直接被测量电路所利用的,所以要根据不同的传感器采用不同的处理方法进行调理。一方面需要通过变换调理,把以电阻、电感或电容形式输出的信号转换成电压或电流形式的输出,另一方面要通过处理,用以抑制噪声、提高线性度并进行放大,将传感器最初的输出信号变换成能被测量电路所利用的信号。

对传感器最初的输出信号进行处理的电路常用的是：阻抗匹配器、电桥电路、放大器电路和噪声抑制电路等。

课题二　调制与解调

一、调制与解调的概念

为了便于区别信号与噪声，往往给测量信号赋予一定特征，即对被测信号进行调制，使一个被测信号的某些参数在另一个被测信号的控制下发生变化。由于传感器输出的电信号一般为较低的频率分量，当被测信号比较弱时，为了实现信号的传输，尤其是远距离传输，需把传感器输出的缓变信号先变成具有较高频率的交流信号，然后进行直流放大，再把直流信号传送出去，最后通过检波技术，再提取出原来频率的信号，这个过程称为信号的调制和解调。

1．调制的概念

在实际中，往往采用先调质再交流放大的方法，即在被测信号上叠加一高频信号，将它从低频区退役到高频区，这样可以提高电路的抗干扰能力和信号的信噪比。

以一个高频正弦信号或脉冲信号作为载体，这个载体称为载波信号。用来改变载波信号的某一参数的信号，如幅值、频率、相位，称为调制信号。经过调制的载波信号称为已调信号。已调信号一般都便于放大和传输。

在信号调制中常以一个高频正弦信号作为载波信号。正弦信号的三要素为幅值、频率和相位，对这三个参数进行调制，分别称为调幅、调频和调相，其波形分别称为调幅波、调频波和调相波。调制的过程包含以下三种：

（1）高频振荡的幅度受缓变信号控制时，称为调幅，以 AM 表示。

（2）高频振荡的频率受缓变信号控制时，称为调频，以 FM 表示。

（3）高频振荡的相位受缓变信号控制时，称为调相，以 PM 表示。

如图 6-1 所示为两种典型的波形。

2．解调的概念

在将被测信号调制，并将它和噪声分离、放大处理后，还要从已调信号中提取被测信号，这一过程称为解调。所谓解调就是从已被放大和传输的，且有原来信号的高频信号中，把原来信号取出的过程。解调是为了恢复原来的信号。

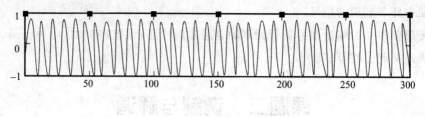

(a) 调频波

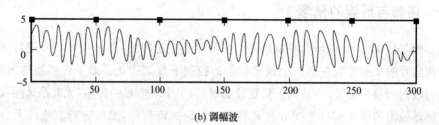

(b) 调幅波

图 6-1　两种典型的波形

二、幅值调制与幅值解调

1. 幅值调制

　　幅值调制简称为调幅,是指将一个载波信号与调制信号相乘,使载波信号的幅值随调制信号的变化而变化。调制是为了便于缓变信号的放大和传送。常用的调幅方法有线性调幅,即让调幅信号的幅值随调制信号按线性规律变化。

　　如图 6-2 所示为以频率为 f_0 的余弦信号作为载波信号进行调幅的原理图。

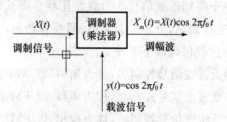

图 6-2　载波信号调幅原理图

　　由图 6-3 可知,调制器是个乘法器,在调制器里可将调制信号与载波信号相乘,其结果得到一个调幅波。

　　信号的幅值可直接在传感器中进行,也可以在电路中进行。在电路中对信号进行调幅的方法可分为相乘调幅和相加调幅。下面以相乘调幅的方法来进行介绍。

　　为使信号具有普遍意义,假设调制信号为 $x(t)$,其最高频率为 f_m,载波信号为 $y(t)$,且 $y(t)=\cos 2\pi f_0 t$,且 $f_0 \gg f_m$,调制信号 $x(t)$ 的傅里叶变换为 $X(f)$,表示为 $x(t) \leftrightarrow X(t)$,由傅里叶变幻的性质可得

$$x(t)y(t) \rightarrow X(t)Y(t)$$

载波信号为余弦函数,且余弦函数经过傅里叶变换可得

$$\cos 2\pi f_0 t \leftrightarrow 1/2 \left[\delta(f-f_0) + \delta(f+f_0)\right]$$

利用傅里叶变换的频移性质可得

$$x(t)\cos 2\pi f_0 t \leftrightarrow 1/2 \left[X(f)\delta(f-f_0) + X(f)\delta(f+f_0)\right]$$

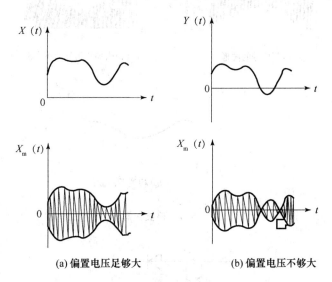

(a) 偏置电压足够大　　　　(b) 偏置电压不够大

图 6-3　调制信号与载波信号

2. 幅值解调

从已调信号中检出调制信号的过程称为幅值解调或检波。检波是为了恢复被调制的信号,即使调制信号与载波信号相乘,再通过低通滤波器滤波。最常见的检波方法是包络检波和相敏检波。

把调制信号进行偏置,叠加一个直流分量,若所加的偏置电压够大,使偏置后的信号都具有正向电压,那么调幅信号的包络线将具有原调制信号的形状,如图 6-4(a) 所示。把该调幅信号进行简单的半波或全波整流和滤波,并减去所加的偏置电压就可以恢复原调制信号,这种方法又称为包络检波。若所加的偏置电压不够大,未能使偏置后的信号都具有正向电压,则对调幅信号只是简单地整流,不能恢复原调制信号,如图 6-4(b) 所示,这就需要采用相敏检波技术。

（1）包络检波

包络检波是一种对调幅信号进行解调的方法,它是利用二极管所具有的单向导电性,截去调幅信号的下半部,再用滤波器滤除其高频成分,从而得到按调幅信号包络线变化的调制信号,其检波过程如图 6-4 所示。

如图 6-5 所示为采用二极管作为整流元件的包络检波电路。若调幅信号 U_s 的波形如图 6-4(a) 所示,则经二极管 VD 整流后的波形如图 6-4(b) 所示,经电容 C 低通滤波后

所得的峰值建波信号 U_o 的波形如图 6-4(c) 所示。

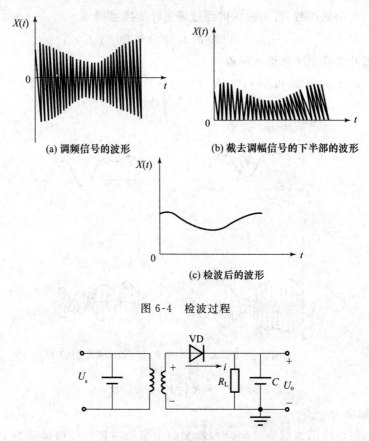

(a) 调频信号的波形   (b) 截去调幅信号的下半部的波形

(c) 检波后的波形

图 6-4   检波过程

图 6-5   采用二极管作为整流元件的包络检波电路

    如图 6-6 所示为采用晶体管作为整流元件的包络检波电路。晶体管 VT 在调幅信号 U_s 的半个周期内导通，从而使电流 i_c 对电容 C 充电；晶体管 VT 在调幅信号 U_s 的另半个周期内截止，从而使电容 C 向 R_L 放电，且流过 R_L 的平均电流只有 $i_c/2$，因此，所获得的是平均值检波信号。应当指出，虽然平均值检波信号使检波信号的波形幅值减小一半，但由于晶体管的放大作用，使平均值检波信号 U_o' 比调幅信号 U_s 在量值上要大得多，因而平均值检波信号具有较强的承载能力。

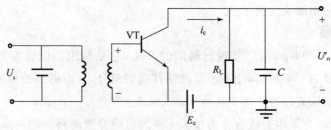

图 6-6   采用晶体管作为整流元件的包络检波电路

（2）相敏检波

相敏检波（与滤波器配合）是一种将调幅信号的波形还原成原调制信号的波形的方法。采用相敏检波时，对原调制信号可不必再叠加偏置。调制信号在过零线时符号（＋、一）发生突变，调幅信号的相位（与载波比较）也相应发生 $180°$ 的相位跳变，因此，将载波信号与原调制信号相比较，既能反映出原调制信号的幅值，又能反映其极性。

如图 6-7 所示为采用电桥作为整流元件的相敏检波电路。电路设计使变压器 T_1 二次输出电压大于二次输入电压，若原调制信号 $x(t)$ 为正，则调幅信号 $x_m(t)$ 与载波信号 $y(t)$ 同相，如图 6-8 所示的 $x_m(t)$ 的 oa 段。当载波信号的电压为正时，VD_1 导通，电流的流向为 d-1-VD_1-2-5-c-负载-地-d；当载波信号的电压为负时，变压器 T_1 和 T_2 的极性同时改变，VD_3 导通，电流的流向为 d-3-VD_3-4-5-c-负载-地-d。若原调制信号 $x(t)$ 为负，则调制信号 $X_m(t)$ 与载波信号 $y(t)$ 异相，如图 6-8 中 $X_m(t)$ 的 ab 段。当载波信号的电压为正时，变压器 T_2 的极性见图 6-7，而变压器 T_1 的极性与图 6-7 中的相反，这时 VD_2 导通，电流的流向为 5-2-VD_2-3-d-地-负载-c-5；当载波信号的电压为负时，这时 VD_4 导通，电流的流向为 5-4-VD_4-1-d-地-负载-c-5。

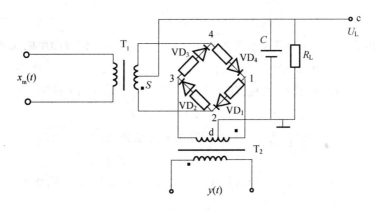

图 6-7   相敏检波电路

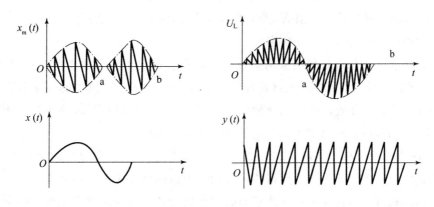

图 6-8   相敏检波

这种相敏检波是利用二极管的单向导通作用,将电路输出极性换向,这种电路相当于 oa 段把调幅信号 $X_m(t)$ 波形的负半周的部分翻上去,而在 ab 段把调幅信号 $X_m(t)$ 波形的正半周的部分翻下来,调制信号 $x(t)$ 的波形就是在负载 R_L 上所得到的负载检测信号 U_L 经过翻转后信号的包络。

三、频率调制与频率解调

1. 频率调制

由于频率信号在传输过程中不易受到干扰,且容易实现数字化,所以在测量、通信和电子技术的许多领域中得到了越来越广泛的应用。

调频就是用调制信号去控制高频载波信号的频率。常用的调频方法是线性调频,即让调频信号的频率随调制信号按线性规律变化。

当调制信号电压为正时,调频信号的频率升高;当调制信号电压为零时,调频信号的频率就等于中心频率;当调制信号电压为负时,调频信号的频率降低。调频信号瞬时频率的表达式为:

$$f(t) = f_0 + \Delta f$$

式中:f_0 为中心频率或称为载波信号的频率(Hz);Δf 为调制信号频率的偏移量(Hz),与调制信号 $x(t)$ 的幅值成正比。

设调制信号 $x(t)$ 是幅值为 X_0、频率为 f_m、初始相位为 0 的余弦波,则

$$x(t) = X_0 \cos 2\pi f_m t$$

设载波信号 $y(t)$ 的幅值为 Y_0,初始相位为 η 的余弦波,则:

$$y(t) = Y_0 \cos(2\pi f_0 t + \eta)(f_0 \gg f_m)$$

调频时载波信号的幅值 Y_0 和初始相位 η 不变,瞬时频率 $f(t)$ 围绕着 f_0 随调制信号的电压线性变化,即:

$$f(t) = f_0 + KfX_0 \cos 2\pi f_m t = f_0 + \Delta ft \cos 2\pi f_m t$$

式中,Δft 为由调制信号的幅值 X_0 决定的频率的偏移量(Hz),$\Delta ft = KfX_0$(Kf 为比例常数,其大小由具体的调频电路决定)。

可知,频率的偏移量是利用被测参数的变化直接引起传感器输出信号频率的改变。如图 6-9 所示为用于测量力的振弦式传感器的原理图。图中振弦 2 的一端与支承 1 相连,另一端与膜片 4 相连。在外加激励作用下,振弦 2 按固有频率 w_c 在磁场 3 中振动时产生感应电动势,该感应电动势就是受张力 F_T 调制的调频信号。

在被测参数小范围变化时,电容(或电感)的变化也有之对应的接近线性的变化,例如,在电容传感器中以电容作为调谐参数,因此,振荡回路的振荡频率将和调谐参数的变化呈线性关系。因此,把这种将被测参数的变化直接转换为振荡频率的变化的电路称为直接调频式测量转换电路。

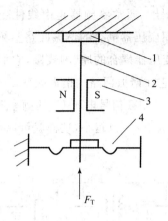

图 6-9 振弦式传感器的原理图

（1）电参数调频法

如图 6-10 所示的电路是一种电参数调频电路。

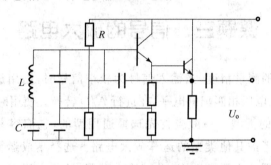

图 6-10 电参数调频电路

图 6-10 中电路的基本原理是首先将被测参数的变化转换为传感器的线圈、电容和电阻的变化，将传感器的线圈、电容和电阻接在一定的振荡回路中，这样被测参数的变化就会引起振荡器振荡频率的变化，从而输出调频信号。

（2）电压调频法

电压调频法的基本原理是利用电压变化来控制振荡回路中传感器的线圈、电容和电阻的变化，从而使振荡频率得到调制。常用的调整原件有变容二极管、晶体管和场效应管等。电压调频法常用于遥测仪器中。

目前，频率调制的方法也存在着严重缺点，调频信号通常要求有很宽的频带，甚至为调频信号所要求带宽的 20 倍。调频系统比调幅系统复杂，因为调频系统是一种非线性调制，它不能运用叠加原理，所以分析调频信号要比分析调幅信号更困难，实际上只能对调频信号进行近似的分析。

2. 频率解调

调频信号的解调是由鉴频器完成的。频率解调又称为鉴频，是指从调频信号中检测出反应被测参数变化的调制信号。通常鉴频器是由线性变换部分与幅值检波部分构成的。如图 6-11 所示为一种采用变压器耦合的谐振回路鉴频器法。

图 6-11 中线圈 L_1、L_2 是变压器耦合的原、副线圈，它们和电容 C_1、C_2 组成并联谐振回路。U_f 为输入的调频信号，它在谐振回路的谐振频率 F_n 处时，线圈 L_1、L_2 的耦合电流最大，副边输出电压 U_a 也最大。调频信号电压 U_f 的频率离谐振频率 F_n 越远，线圈 L_1、L_2 的耦合电流越小，副边输出电压 U_a 也越小，这样就可以通过控制调频信号的变化来实现电压幅值的变化。

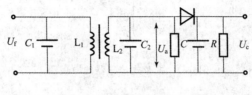

图 6-11　频率解调

课题三　信号的放大电路

为保证被测参数的测量精度，当输入信号为较小信号时，需用放大器将小信号放大到与 A/D 转换器输入电压相匹配的电平，在进行 A/D 转换。使用时，应根据实际需要来选择集成运算放大器的类型。一般应首先选择通用型的，它们容易购得，售价也较低。只有在特殊要求下才考虑其他类型的运算放大电路。选择集成运算放大器的依据是其性能参数。运算放大器的主要参数有：差模输入电阻、输出电阻、输入失调电压、电流及温漂、开环差模增益、共模抑制比和最大输出电压幅值等，这些参数均可在有关手册中查得。

下面介绍几种典型的运算放大器。

一、高精度、低漂移运算放大器

温度漂移系数是运算放大器的一个重要指标。通用型运算放大器的温度漂移系数一般在 $10 \sim 300\ \mu V/℃$ 范围内，而低温度漂移运算放大器的温度漂移系数仅为 $1\ \mu V/℃$ 左右。

ADOP-07 是最典型的低温度漂移运算放大器，其温度漂移系数为 $0.2\ \mu V/℃$。它还具有极低的失调电压（$10\ \mu V$）、较高的共模输入电压（$\pm 14\ V$）和共模抑制比（$126\ dB$），电源电压范围为 $\pm (3 \sim 8)\ V$。该运算放大器的一种接法如图 6-12 所示。

二、高输入阻抗运算放大电路及仪表放大器

1. CA3140

CA3140 是一种高输入阻抗运算放大器,其输入阻抗达 10(12 次方)Ω,开环增益和共模抑制比也较高,电源电压为 ±15,如图 6-12 所示为 CA3140 的一种接法。

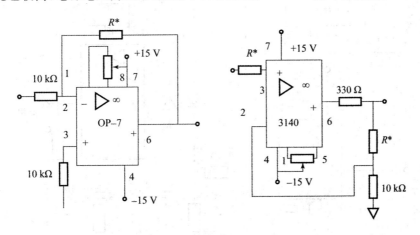

图 6-12　高输入阻抗运算放大电路及仪表放大器

2. 仪表放大器

由传感器送来的测量信号往往很微弱,因而对放大器的精度要求很高,要求它能测量被测量的微小变化,进行缓冲、放大、隔离和电平转换等处理,这些功能大多可用运算放大器来实现。然而传感器的工作环境往往是较复杂和恶劣的,在传感器的两条输出线上经常产生较大的干扰信号(噪声),有时是完全相同的干扰,称为共模干扰。运算放大器一般不能消除各种形式的共模干扰信号,因此,需要引入另一种形式的放大器,即仪表放大器,它广泛用于传感器信号放大,特别是微弱信号及具有较大共模干扰的场合。

仪表放大器也称测量放大器或数据放大器。在模拟放大电路中,常采用由 3 个运算放大器构成的对称式差动放大器来提高输入阻抗、共模抑制比、闭环增益和温度稳定性。放大器的差动输入端 V_{IN+} 和 V_{IN-} 分别是两个运算放大器的同相输入端,因此输入阻抗很高,而且电路的对称结构保证了抑制共模信号的能力。图 6-13 中电位器 RP_4 用以调整放大倍数,二极管用来限幅。

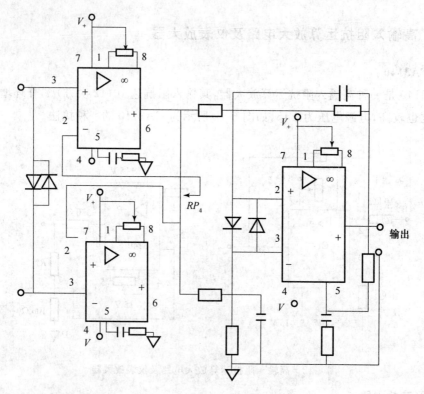

图 6-13　仪表放大器原理图

三、隔离放大器和隔离放大系统

在传感器产生的有用信号中,不可避免地会夹杂着各种干扰和噪声等对系统性能有不良影响的因素,因此,在测量系统中,有时需要将仪表与现场相隔离(至无电路的联系),这时可采用隔离放大器,这种放大器能完成小信号的放大任务,并使输入和输出电路之间没有直接的电耦合,因而具有很强的抗共模干扰的能力。隔离放大器有变压器耦合(磁耦合)型和光电耦合型两类。

用于小信号放大的隔离放大器通常采用变压器耦合型,这种放大器内含有一个为调制器提供载波的振荡器,输入信号对载波进行幅度调制,然后通过变压器耦合到输出电路。在输出电路中,已被输入信号调制的载波又称解调,恢复为输入信号,并经运算放大器放大后输出。

MODEL284J 是一种常用的变压器耦合型隔离放大器,其内部包含有输入放大器、调制器、变压器、解调器和振荡器等部分,它的接法如图 6-14 所示。

MODEL284J 的输入放大器被接成同相输入形式,端子 1、2 之间的电阻 R_1 与输入电阻串接,调整 R_1 可改变放大器的增益。图 6-14 中 20 Ω 电位器用来调整零点,电容起滤波作用。

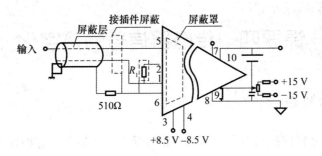

图 6-14 隔离放大器原理图

四、程控增益放大器

当检测范围很宽时,传感器输出的信号变化范围也可能很大,为了提高低端的灵敏度,往往将整个量程范围分为几段,每段分别采用不同放大倍数的放大器加以放大;另外,在多通道检测系统中,每个通道的检测信号不太可能一样大,同样需要使用放大倍数不同的多个放大器。程控增益放大器可以满足上述要求。

程控增益放大器由程序进行控制,根据待测模拟信号幅值的大小来改变放大器的增益,以便把不同电压范围的输入信号都放大到 A/D 转换器所需要的幅度。若使用固定增益放大器,就不能兼顾不同输入信号的放大量。采用高分辨率的 A/D 转换器或在不同信号的传感器(检测元件)后面配接不同增益的放大器,虽可解决问题,但是硬件成本太高。

程控增益放大器是解决宽范围模拟信号数据采用的简单而有效的方法,其原理如图 6-15 所示。它由运算放大器 A 和多路模拟开关 $S_1 \sim S_n$(可采用 CD4051 或 AD7501,由 CPU 通过程序来控制某一路开关的接通)、电阻网络及控制电路组成。各支路开关 $S_1 \sim S_n$ 的通断受输入二进制数 d_1、d_2,…,d_n 的相应位控制,当 $d_n = 1$ 时,开关 S_n 断开。开关的通断状态不同,运算放大器输入端等效电阻的大小也不一样,使得运算放大器的闭环增益随输入二进制数变化。

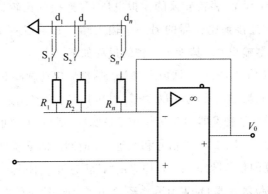

图 6-15 程控增益放大器原理图

课题四　传感器信号的数字化

一、A/D 变换器

A/D 变换器是将模拟信号转换为数字信号最常用的器件。它的种类和型号繁多,按工作原理有逐次比较型和积分型,按位数有 8 位和 16 位,等等。

1. A/D 变换器的工作原理

（1）逐次比较型 A/D 变换器

典型的逐次比较型 A/D 变换器工作原理如图 6-16 所示。图中所示为一个 8 位 A/D 变换器的工作原理图。

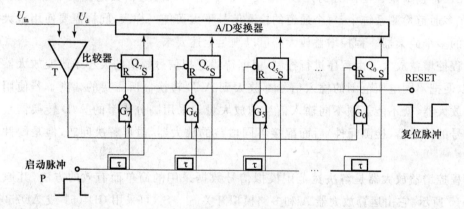

图 6-16　A/D 变换器的工作原理图

它由 D/A 变换器、比较器、寄存器和相应的控制逻辑所组成。D/A 变换器作为反馈电路,寄存器由 8 位触发器构成,从高位到低位依次为 Q_7、Q_6、$\cdots$、Q_1、Q_0,控制逻辑由 8 个与非门 G_7、G_6、G_5、$\cdots$、G_0 和相应的时间延迟电路所组成。

该电路图的工作原理是,将待转换的模拟电压 U_{in} 连接到比较器的一个输入端,D/A 变换器的输出电压 U_d 连接到比较器的另一个输入端。如果 $U_{in} < U_d$,则比较器输出 1,如果 $U_{in} > U_d$,则比较器输出 0。其逐次比较的过程如下:

寄存器首先由复位信号 RESET 清成全"0"状态,然后启动脉冲 P 从最高位触发器开始置成"1"状态。如果比较器输出 T 为 $0(U_{in} > U_d$ 时),T 信号和经延迟 t 时间后的 P 脉冲,使与非门 G_7 输出为 1,最高位触发器的 R 端作用是正脉冲,则 Q_7 原来的"1"状态被保留;如果比较器的输出 T 为 $0(U_{in} < U_d$ 时),T 信号和经延迟 t 时间后的 P 脉冲,使与非门 G_7 输出为 0,此时 Q_7 的 R 端作用的是负脉冲,则 Q_7 原来的"1"状态被取下(即 Q_7 复位)。P 脉冲经延迟后,依次再使第二高位触发器 Q_6 置"1",并经 D/A 变换器输出的 U_d 与待转换的 U_{in} 做第二次比较,以决定该位触发器的"1"状态是保留还是复位,该过程一直重复下去直至最低位

为止。此时寄存器的状态值就是与待转换电压 U_{in} 相对应的数字量。

（2）积分型 A/D 变换器

积分型 A/D 变换器系先讲输入的模拟电压转换成相应的时间间隔，然后再用计数器测量该时间间隔，由计数器形成数字量输出。积分型 A/D 转换器包括：单积分、双积分和四积分等形式，其中最通用的是双积分形式，其工作原理图如图 6-17 所示。

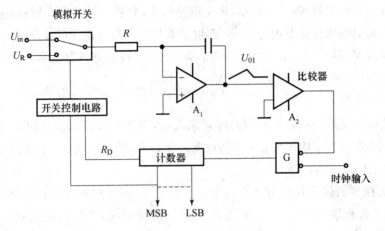

图 6-17　积分型 A/D 变换器

它由积分器 A_1、过零比较器 A_2、控制门 G、计数器和开关控制电路等部件所组成。它的工作过程是：首先使计数器清零，积分器完全放电，变换开始。待转换的模拟电压 U_{in} 通过模拟开关 S 输入到积分器 A_1，A_1 开始积分，其输入线性上升到 U_{01}，经过零比较器 A_2 获得过零指示方波 U_{02}，打开控制门 G，计数器开始计数。当计数器计到其最高位 MSB＝1（即 $t = t_1$）时，同时计数器状态为 $100\cdots0$ 时，开关控制电路则使开关 S 转换到基准电压 U_R，随后积分器中的电容 C 开始放电，U_{01} 开始线性下降，当降到比较器 A_2 再次获得过零指示方波 U_{02}，打开控制门 G，使计数器重新开始计数。直到 $t = t_2$，U_{01} 下降为零，比较器输出的负方波结束，计数器停止计数，此时计数器中的暂存二进制数字就是与 U_{in} 相对应的数字量。变换过程的波形图如图 6-18 所示。

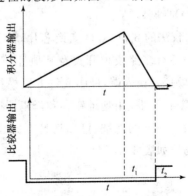

图 6-18　变换过程的波形图

2．A/D 变换器的主要技术指标

不同类型的 A/D 变换器由不同的性能指标。通常用下面几个参数来表示和衡量 A/D 变换器的技术指标。

（1）分辨率

A/D 变换器的分辨率是一个与其位数紧密相关的参数，通常用其输出的二进制数字的位数来表示。位数越多，量化越细，量化误差越小，分辨率就越高。例如，一个 A/D 变换器的输入模拟电压变化范围为 0～5 V，输出 8 位数字量的器件可以分辨的最小模拟电压为 20 mV（5 V×1/2 的 8 次方≈20 mV），而一个 12 位的器件其分辨的最小电压为 1.22 mV（5 V×1/2 的 12 次方≈1.22 mV）。

（2）转换速度

转换速度用完成一次转换所用的时间来表示，即从转换控制信号加入时算起，直到输出端得到稳定的数字输出为止的这段时间。如转换时间长，则表示转换速度低。

（3）输入模拟电压范围

A/D 变换器的输入模拟电压有一个可变范围，供用户根据自己的具体情况进行选用。通常，单极性输入时有 0～5 V 或 0～10 V 两种情况，双极性输入时一般为 −5～ +5 V。

（4）精度

由于 A/D 变换器是一个同时涉及模拟和数字电路的闭环系统，所以整个系统的精度必须同时考虑模拟和数字两部分的误差。在确定整个精度时，为便于处理，通常把两种误差分开来考虑。数字误差仅由系统的分辨率来确定，即量化误差。模拟误差集中在比较器的直流转化点的变化上。模拟误差和数字误差相对数量又如何衡量？一般来讲，把变换器的模拟误差和数字误差的大小视为同一数量，总误差是两种误差之和。例如估算一个 8 位的 A/D 变换器的总精度，8 为数字量误差为 1/2 的 8 次方≈0.4%，那么总误差即为 0.8%。

3．常用 A/D 变换器举例

1）8 位 A/D 变换器—ADC0809

ADC0809 是采用逐次比较法的 8 位 A/D 变换芯片，其逻辑结构图如图 6-19 所示。芯片内部除 A/D 转换部分外还有多路模拟开关及其地址锁存译码、三态输出锁存器等电路。多路模拟开关有 8 路模拟量输入端，最多允许 8 路模拟量分时输入，共用一个 A/D 转换器进行转换。8 路模拟开关切换由地址锁存和译码器控制，三根地址线输出到 A、B、C 引脚端由 ALE 锁存。改变不同的地址，可以切换 8 路模拟通道选择不同的模拟量输入，其通道选择的地址编码器如表 6-1 所示。

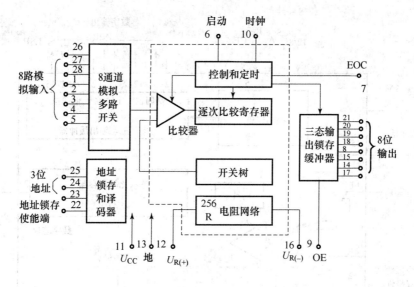

图 6-19 8 位 A/D 转换器

表 6-1 通道地址表

地址编码	选中的通道
CBA	
000	IN0
001	IN1
010	IN2
011	IN3
100	IN4
101	IN5
110	IN6
111	IN7

A/D 转换结果通过三态输出锁存器输出,为此在系统连接时允许直接与系统数据总线相连接。OE 为输出允许信号,高电压有效,EOC 为转换结束信号,表示一次 A/D 转换已完成。$U_{R(+)}$ 和 $U_{R(-)}$ 是基准参考电压,用来输入模拟量的范围。CLK 为时钟信号输入端,决定 A/D 转换的速度,SC 为启动转换信号,常用系统的控制启动 A/D 转换信号。

上面我们以 ADC0809 为例介绍了常用 8 位 A/D 变换器的引脚功能和内部逻辑结果。作为一个系列常用的 8 位 A/D 变换器还有 ADC0801～0809、0816、0817 等。

2)12 位 A/D 变换器—AD574A

AD574A 是采用逐次比较法的 12 位 A/D 变换器芯片,其逻辑结构如图 6-20 所示。

AD574A 的性能指标、电路组成、工作过程和引脚功能具体如下。

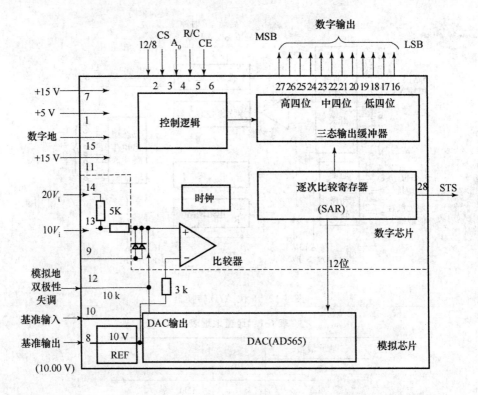

图 6-20 逻辑结构图

(1) 性能指标。

① 具有可与 8 位、12 位或 16 位微处理器系统总线直接配接的三态输出缓冲器。

② 转换时间为 25 μs。

③ 功耗为 390 mW。

④ 供电电源由 +5 V、±12 V（或±15 V）。

⑤ 输入模拟信号范围可为 0～+10 V、0～+20 V、±5V 或±10 V。

⑥ 内含由基准源和时钟。

(2) 工作过程。当指令电路开始工作时，时钟电路被启动，同时将逐次比较寄存器 SAR 清零。一旦转换开始，转换器不能停止或再次启动，也不能从输出缓冲器获得数据。由时钟控制的 SAR 按时序转换。转换期间，12 位电流输出型 D/A 转换器的 SAR 按由 MSB 到 LSB 的顺序转换。D/A 转换器还提供一个稳定的基准电压源。比较器逐次确定逐位相加的权位电流之和是大于还是小于输入电流，直到 12 位逐次比较结束。此时 SAR 向控制部件送回转换结束信号，控制部件关闭。时钟脉冲的输出状态信号 GTS 变低，通过外部指令使控制部件读出数据。

(3) 主要引脚的功能。

① 数据输出脚 DB$_0$～DB$_{11}$。对应引脚 16～27，共 12 条引线，引脚 16 对应最低位

(LSB)DB$_0$,引脚 27 对应最高位(MSB)DB$_{11}$,此组引线由三态输出缓冲寄存器引出,可直接与计算机的系统总线相连接。

② 控制信号引脚及功能。器件共有五根控制线 2～6,它们以此对应 12/8、CS、A$_0$、R/C、CE 五个控制信号,这五个控制信号的不同的逻辑状态组合实现不同的控制功能,其具体的功能实现如表 6-2 所示。

表 6-2　AD574 A 控制线功能组合表

控制线	CE	−CS	−R/C	−12/8	A$_0$	功　　能
逻辑状态	1	0	0	×	0	12 位转换
	1	0	0	×	1	8 位转换
	1	0	0	1	×	输出数据格式为并行 12 位
	1	0	1	0	0	高 8 位数据输出(有 20～27 脚输出)
	1	0	1	0	1	低 4 位数据(24～27 脚),尾接 4 个"0"(20～23 脚)输出

其中 A$_0$(引脚 4)为转换位数控制位,当其位"1"电位时,控制 A/D 进行 8 位转换,其转换周期为 16 μs,当其位"0"时,控制 A/D 进位 12 位转换,转换周期为 25 μs,12/8(引脚 2)为输出数据位数控制位,当其为"1"时,控制并行 12 位输出,当其为"0"时,控制 8 位输出(A$_0$ 的状态同时也影响它的输出方式);CE(引脚 6)为芯片使能线,高点位有效;CS(引脚 3)为片选信号,低点位有效;R/C 为工作状态控制线,当其为"0"时,芯片处于 A/D 转换状态,当其为"1"时,芯片处于数据输出状态。

二、U/F 变换器

所谓 U/F 变换就是将输入电压信号转换成与其数值精确成比例的脉冲信号频率值。该转换器的输出连续地跟踪输入信号,直接响应输入信号的变化,且不需要外部时钟同步。由于电压和频率均为模拟量,为此严格说来,电压-频率转换实际上是一种模拟-模拟转换,但由于频率可用数字量来测量,所以很容易实现模-数转换。U/F 变换器的主要特点可以概括如下:具有固有的单调性,常模干扰抑制能力强,分辨率高,输出信号适于作串行传输,其主要缺点是转换速率低,必须由外加计数器将串行的脉冲输出转换为并行格式。

1. 压控振荡器

在 U/F 变换中最常用的器件就是压控振荡器,美国国家半导体器件公司的产品 LM331 就是压控振荡器的典型器件,我们以它为例介绍压控振荡器的电路构成和工作原理。

LM331 的逻辑结构如图 6-21 所示,它由电流源、电流开关、比较器、门控触发电路和输出晶体管所组成。该器件外接基准电压 U_{REF},工作电压 U_S,电阻 R_S、R_L、R_T、电容 C_L、C_T,就可以形成输出频率与输出电压 U_{in} 呈线性变化的振荡器。

在电路中,电容 C_L 上的电压呈锯齿状变化,电路是一个对电容 C_L 充电略高于输入电压 U_{in} 的负反馈电路。当 U_{in} 较高时,则 C_L 通过 R_L 较快的放电,电路输出较高振荡频率的脉冲;当 U_{in} 较低时,C_L 通过 R_L 较慢的放电,电路输出较低振荡频率的脉冲。

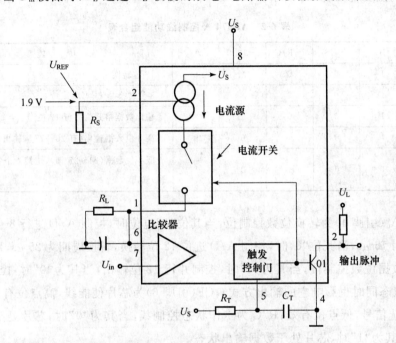

图 6-21　LM331 的逻辑结构图

当 C_L 放电到自身电压等于 U_{in} 时,则比较器触发门控制发电路接通电流开关,与此同时打开晶体管。随着电流开关的接通,来自电流源的电流则再次对 C_L 充电,充电时间由 R_T 和 C_T 来决定,直到 C_L 上的电压略高于 U_{in} 为止。C_L 充电结束后,门控触发电路立即返回到原来的状态,C_L 再次返回到放电状态。

电阻 R_S 决定电流源输出电流大小。事实上,当电流开关接通时,引脚 1 和引脚 2 的电流是相等的。引脚 2 连接的是一个恒定的基准电压 U_{REF}(通常是 1.9 V),为此 R_S 的电阻值决定工作电流的大小。当引脚 2 连接到高阻抗缓冲器时,它就给外部电路提供一个稳定的参考源。

晶体管集电极开路的输出引脚 3,允许通过电阻连接不同的外部电源电压 U_L,从而再去连接外部负载,借以增加器件的负载能力。

LM331 输出的振荡频率由下式表达

$$f_{out} = (U_{in}/U_{REF}) \times (R_S / R_L) \times (1/1.1 R_T C_T)$$

从表达式可以看出,当 U_{REF}、R_S、R_L、R_T、C_T 几个参量选定为固定常量时,f_{out} 就只是

U_{in}的函数,电路就输出同输入电压U_{in}呈线性比例振荡频率的一系列脉冲。

2. 频率-数字转换

频率-数字转换是模拟-数字转换的必要步骤,如图 6-22 所示,它采用的是数字频率计的原理框图。连续脉冲波加入控制门电路的输入端,再由一个高稳定度的时基发生器所产生的时基信号为时基基准,去控制控制门电路的开通和关闭,通过控制门的脉冲信号对计数器进行计数。单位时基信号时间内所通过脉冲的个数 N 与时间比例因子的乘积 K 即为脉冲信号的频率值,即 $f = NK$。这里时间比例因子 $K = 1$ s/h 基信号时间宽度,在该例中时基信号时间宽度为 1 ms,则 $K = 1\ 000$,如果 $N = 10$,则 $f = 10$ kHz;若时基信号宽度为 1 μs,则 $K = 1\ 000\ 000$,如果 $N = 10$,则 $f = 10$ MHz。依此类推。

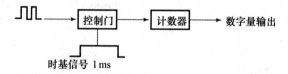

图 6-22　频率-数字转换

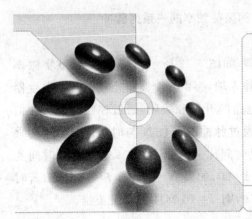

‖项目七 传感器接口电路‖

课题一　传感器输出信号的特点和处理方法

一、输出信号的特点

要对传感器的输出信号进行处理,必须了解传感器输出信号的特点才能选择合适的处理方案。

由于传感器种类繁多,传感器输出信号形式也是各式各样的。例如,尽管同是温度传感器,热电偶随温度变化输出的是不同的电压,热敏电偶随温度变化使电阻发生变化,而双金属温度传感器则随温度变化输出开关信号。传感器的一般输出形式如表 7-1 所示。

表 7-1　传感器的一般输出形式

输出形式	输出变化量	传感器举例
开关信号型	机械触点	双金属温度传感器
模拟信号型	电子开关	霍尔开关式集成传感器
	电压	热电偶、磁敏元件、气敏元件
	电流	光敏二极管
	电阻	热敏电阻、应变片
	电容	电容式传感器
	电感	电感式传感器
其他		多普勒速度传感器、谐振式传感器

传感器输出信号的特点：

（1）传感器的输出信号一般都比较微弱。有的传感器的输出电压最小只有 0.1 μV。

（2）传感器的输出阻抗都比较高。这样会使传感器的输出信号输入到测量电路时，产生较大的信号衰减。

（3）传感器的输出信号的动态范围很宽。输出信号随着输入物理量的变化而变化，但不一定是线性比例关系。

二、输出信号的处理方法

根据传感器输出信号的特点，采取不同的信号处理方法来提高测量系统的测量精度和线性度，这正是传感器信号处理的主要目的。传感器在测量过程中常掺杂许多噪声信号，它会直接影响测量系统的精度。因此，抑制噪声也是传感器信号处理的重要内容。

传感器输出信号的处理主要由传感器接口电路完成。因此，传感器接口电路应具有一定的信号预处理功能，经预处理后的信号，应成为可供测量、控制及便于向微型计算机输入的信号形式。接口电路对不同的传感器是不同的，其典型的传感器接口电路如表 7-2 所示。

表 7-2 典型的传感器接口电路

接口电路	信号预处理的功能
阻抗变换电路	在传感器输出为高阻抗的情况下，变换为低阻抗，以便于检测电路准确的失去传感器的输出信号
放大电路	将微弱的传感器输出信号放大
电流电压转换电路	将传感器的电流输出转换为电压
电桥电路	将传感器的电阻、电容、电感变化转换为电流或电压
频率电压转换电路	将传感器输出的频率信号转换为电流或电压
电荷放大电路	将电场型传感器输出产生的电荷转换为电压
有效值转换电路	在传感器为交流的情况下，转换为有效值，变为直流输出
滤波电路	通过低通及带通滤波器消除传感器的噪声成分
线性化电路	在传感器的特性不是线性的情况下，用来进行线性校正
对数压缩电路	当传感器输出信号的动态范围较宽时，用对数电路进行压缩

课题二 单片机的总线和接口技术

在种类繁多的单片机中，Inter 公司的 MCS-51 系列单片机成为测控系统的主流机型,以它为例介绍单片机总线和接口技术,有较为普遍的意义。

一、MCS-51 单片机的引脚定义

MCS-51 系列单片机是 Inter 公司的 8 位机型,采用 40 引脚双列直插封装(DIP)方式。总线和接口是建立在引脚基础之上的,这里需要首先介绍一下引脚及其功能。

MCS-51 系列单片机按其功能可分为 4 组:

(1) 主电源引脚;

(2) 时钟电路引脚;

(3) 控制信号引脚;

(4) 输入/输出引脚。

1. 主电路引脚 U_{cc} 和 U_{ss}

U_{cc}(40 脚):主电源+5 V;

U_{ss}(20 脚):地。

2. 时钟电路引脚 XTAL1 和 XTAL2

XTAL2(18 脚):接外部晶振的一端;

XTAL1(19 脚):接外部晶振的另一端。

3. 控制信号引脚 RST/VPD、ALE/PROG、PSEN 和 EA/VPP

RST/VPD(9 脚):上电复位引脚。单片机刚接通电源时,其内部各寄存器处于随机状态,在该脚上输入宽度为 24 个时钟周期以上的高电平,将使单片机复位(RESET);此外该脚还有另一个功能,即只要将 VDP 接+5 V 备用电源,一旦芯片在使用中 V_{cc} 电压突然断电,能保护片内信息不丢失,复电后能继续正常运行。

ALE/PROG(30 脚):访问片外存储器时,ALE 作锁存扩展地址的低位字节的控制信号(称地址锁存允许)。它的另一功能是对 8751(MCS-51 系列内涵 EPROM 的一种类型)片内 EPROM 编程时,此引脚用于输入编程脉冲(PROG)。

PSEN(29 脚):在访问片外程序存储器时,该引脚输出负脉冲作为存储器读选通信号。

EA/VPP(31 脚):当 EA 端输入高电平时,CPU 执行程序,在低 4 KB 地址范围内访问片内程序存储器,若超出 4 KB 地址时,将自动执行片外程序存储器的程序。当输入低电平时,CPU 仅访问片外程序存储器。

4. 输入/输出引脚 P0、P1、P2 和 P3

P0.0~P0.7(39~32 脚):P0 口是一个 8 位漏极开路型准双向 I/O 端口。在访问片外存储器时,它分别提供低 8 位地址和 8 位双向数据总线。

P1.0~P1.7(1~8 脚):P1 口是一个带内部上拉电阻的位准双向 I/O 端口。该端口的编程非常灵活、方便,既可以进行字节操作,又可以进行位操作。

P2.0～P2.7(21～28 脚):P2 口是一个带内部上拉电阻的位准双向 I/O 端口。在访问片外存储器时,它输出高 8 位地址。

P3.0～P3.7(10～17 脚):P2 口是一个带内部上拉电阻的位准双向 I/O 端口。该端口同 P1 口一样编程非常灵活、方便,既可以进行字节操作,又可以进行位操作。此外,各端口的引脚还具有专门的第二功能,具体如表 7-3 所示。

表 7-3　端口各引脚第二功能

引脚	替代的第二功能表
P3.0	RXD(串行口输入)
P3.1	TXD(串行口输入)
P3.2	INT0(外部中断 0 输入)
P3.3	INT1(外部中断 1 输入)
P3.4	T0(定时器 0 的外部输入)
P3.5	T1(定时器 1 的外部输入)
P3.6	WR(片外数据储存器写选通控制输出)
P3.7	RD(片外数据储存器读选通控制输出)

二、MCS-51 单片机的系统总线及接口技术

在了解 MCS-51 单片机各引脚定义和功能的基础上再来讨论其系统总线的构成。P_0、P_2、P_3 三个端口和控制信号引脚共同组成 MCS-51 单片机的系统总线。从以上对各引脚功能的介绍来看,P_0 口构成系统总线的 8 位数据总线,P_0 和 P_2 口共同组成 16 位的地址总线(其中 P_0 口提供低 8 位地址,P_2 口提供高 8 位地址),P_3 口的控制信号引脚决定 CPU 对外部设备的操作性质(比如说读操作还是写操作,是访问程序存储器还是访问数据存储器,等等)。

下面我们以单片机系统的构成和扩展,来介绍基于单片机总线的接口技术。MCS-51 单片机的外部程序存储器为 8K 最小系统。所谓最小系统,就是电路结构最简单并能工作的微机系统。它有单片机(8031 或 8051)外部锁存器 SN74LS373(简称 373)和 EPROM2764(简称 2764)所组成。单片机的 P_0 口一方面作为低 8 位地址线直接与 74LS373 的地址线相连,另一方面作为数据线与 2764 的数据线相连。P_2 口作为高 8 位地址线直接与 2764 的地址线相连,由于 2764 是一个 8 K 字节的程序存储器,其存储单位的数量由 A_0～A_{12} 共 13 根地址线所给定,其 8 高位地址只连接了 P_2 口的 $P_{2.0}$～$P_{2.4}$ 这 5 根,P_2 口的 $P_{2.5}$ 位与 2764 的片选端 CE 线相连接,当 $P_{2.5}$ 位输出为低电位时,则选中该 2764 芯片,使其投入工作状态。ALE 作为低 8 位地址的控制信号,与 373 所谓锁存控制信号线连接,PSEN 作为外部程序存储器的选通信号与 2764 的读出信号线 OE 相连接。

其工作过程是:ALE 信号的下降沿将 P_0 口输出的低 8 位地址锁存到地址锁存器 373 中,接着 P_0 口由输出方式变为输入方式,准备接受从 2764 所读出的信息,而 P_2 口输出的高 8 位地址信息不变,紧接着程序存储器的选通信号 PSEN 变为低电平有效,由 P_2 口和地址锁存器 373 输出的地址所指定存储单元指令字,传送到 P_0 口上供 CPU 读取。CPU 所读取的指令,通过内部专用寄存器翻译成相应的控制代码,指挥工作系统的运行和操作。

课题三　A／D 转换器的选择

一、A/D 转换器的性能指标

A/D 转换器的作用是将传感器接口电路预处理过的模拟信号转换成适合计算机处理的数字信号,并输入到计算机中去。

A/D 转换器是集成在一块芯片上,并能完成模拟信号向数字信号转换的单元电路。A/D 转换的方法有多种,最常用的是直接型和间接型两类。直接型又称比较型,它将模拟输入电压与基准电压比较后直接得到数字信号输出。间接型又称积分型,它先将模拟信号电压转换成时间间隔或频率信号,然后再把时间间隔或频率转换成数字信号输出。在进行 8 位转换时,比较型转换器的转换时间为 $10\sim30~\mu s$,而积分型的转换器的转换时间较慢,通常需要 $1\sim20$ ms。A/D 转换器一般有以下性能指标:

(1) 分辨率。A/D 转换器的分辨率 D 是指输出数字量对输入模拟量变化的分辨能力,利用它可以决定使输出数码增加(或减少)1 位所需的输入信号的最小变化量。分辨率 D 可用 A/D 转换器数字信号输出端的位数表示,可写成

$$D=1/(2 \text{ 的 } n \text{ 次方}) \text{ 或 } D=1/(2 \text{ 的 } n \text{ 次方})-1$$

式中,n 为 A/D 转换器的位数。

n 越高,测量误差越小,转换精度越高,但成本也高。当 A/D 转换器的位数够多时,上述两种表达式是等价的。

(2) 转换时间。设 A/D 转换器已处于准备就绪状态,从 A/D 转换的启动信号 (Start)加入时,到获得数字输出信号(与输入信号对应值)为止所需的时间称为 A/D 转换器的转换时间。

(3) 转换频率。转换频率与转换时间成反比,但是对于 A/D 转换器的最大可能的转换频率,除了考虑转换时间外,还必须包括置零信号(Reset),把转换器全部恢复到零的时间,上述两项时间之和的倒数才为转换器的最高工作频率。

(4) 精度。A/D 转换器的精度定义为输入模拟信号的实际电压值与被转换成数字信号的理论电压之间的差值,这一差值亦称绝对误差。当它用百分数表示时,称为相对精度或相对误差。

二、A/D 转换器的选择

现阶段所生产的 A/D 转换器具有模块化,与计算机总线兼容等特点,使用者不必去深入了解它的结构原理,只需掌握 A/D 转换器的外特性并正确选择即可。从使用的角度看,A/D 转换器的外特性包括:模拟信号输入部分;数字信号并行输出部分;启动转换的外部控制信号;转换完毕后由转换器发出转换结束信号等。在选择 A/D 转换器时,除需要满足用户的各种技术要求外,还必须注意如下几点:

(1) 数字输出的方式。

(2) 对启动信号的要求。

(3) 转换精度和转换时间。

(4) 稳定性及抗干扰能力等。

选择 A/D 转换器时,需要考虑精度、分辨率、转换时间和价格等因素。比较型 A/D 转换器的转换速度快,但要实现高精度则价格比较高。积分型 A/D 转换器虽然转换时间较长,但价格低,精度高。

课题四　传感器与微型计算机的连接

如图 7-1 所示为自动温度控制仪表电路框图。由图可知,该系统主要由以下几部分组成:传感器、差分放大器、V/F 转换电路、CPU、存储器、监视与复位电路、显示电路及键盘、控制输出电路与系统支持电源。

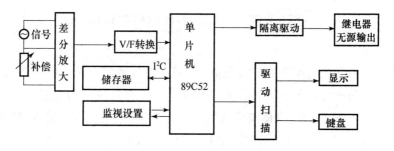

图 7-1　自动温度控制仪表电路框图

它是一个典型的单片机测控电路。有实时信号的采集,信号的调节,模拟/数字的转换,数据的显示,键盘控制数据的输入,控制信号输出等。这些都在单片机的协调、控制下完成。

温度信号的采集可以用热电偶、铜热电阻、铂热电阻、数字温度芯片或模拟温度芯片等,视具体应用时对温度范围、精度和测量对象等的要求而选定。不同的传感器需要不同的电路连接,可根据传感器的类型、技术参数来设计。

在测控电路中信号的采集是关键,它直接影响到系统的精度。通常现场情况都是比较恶劣的,信号易受干扰,所以在信号采集中必须采用有效的措施,如电源隔离、A/D 转换隔离、V/F 转换隔离、低通滤波器和差分放大等。本例采用的差分放大、V/F 转换是一种性价比较高的方案。差分放大器能有效地抑制共模干扰,采用 V/F 转换能有效地抑制噪声和对信号变化进行平滑,同时频率信号与单片机接口也比较方便。本电路还具有良好的精度和线性度。

显示功能可根据应用环境、产品定位选用不同的显示器材,如 LED、LCD、CRT 等。本例中采用的是 LED,配以动态扫描电路,价格低廉,可以实时显示采集的数据和键盘控制输入的参数等。在测控系统中控制参数的设置是必不可少的,使用中要根据输入信息量来选用合适的键盘。

现场数据要按一定的算法进行运算,要进行非线性校正,要根据键盘输入设定的参数进行控制,控制必须按一定的方式进行。一般现场闭环控制中常用的是 PID(比例—积分—微分校正)算法。这些都是由单片机进行的,在工业控制中 80C51 系列单片机应用比较多。本例采用 89C52 型,它带 8 KB 的 EEPROM。该单片机性价比很高,有一定的可靠性、合理性。

信号输出在工业控制中多采用继电器、晶闸管和固态继电器等方式,其可靠性很重要,将影响到系统的安全。一般被控制的对象的功率都很大,产生的干扰也很大,所以在输出通道中要采用电源隔离和干扰吸收等措施。

测控系统中的电源也很重要,它直接影响到系统的可靠性、稳定性、精度。应根据应用环境、电路形式来选用,关键是电源的输出功率、电源的质量和能提供的输出组数等。

课题五　多功能接口卡

随着科学技术和市场经济的日益发展,为了适应各种测控系统的广泛需要,一些科研单位和科技公司开发出了各式各样的多功能接口卡。这些多功能接口卡立足于工业 PC 的 ISA 总线和 PCI 总线,将模拟量的输入/输出部件和数字量的输入/输出部件集于一块板卡上,可以极其方便地插入 PC 的 ISA 总线或 PCI 总线的扩展槽内,与外部设备相接口,实现外部设备所需要的测量和控制功能。

一、多功能接口卡的工作原理和电路结构

目前多功能接口卡的种类繁多,型号和技术指标各异,但它们有着相同的工作原理和以下共同点:

(1) 立足于 PC 的 ISA 总线或 PCI 总线。

(2) 模拟量的输入/输出部件包括 A/D 和 D/A 变换器及相应的配套电路。

（3）数字量的输入/输出的部件包括可编程的 D_I/D_O 电路可编程 16 位字长的计数/定时器。

综上所述，多功能接口卡的工作原理如图 7-2 所示。

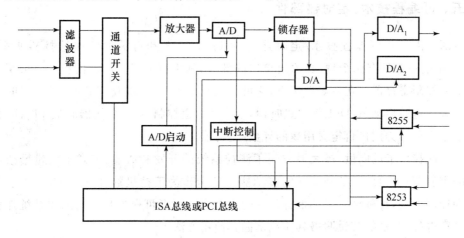

图 7-2　多功能接口卡的工作原理图

二、模拟量输入部件

传感器所感应出的信号经处理电路处理所生成的可利用模拟信号，输入到该部件，经 RC 滤波，多路转换开关选择后送入运算放大器进行再次处理，处理后的信号送入 A/D 变换器进行变换。不同的板卡所采用的 A/D 变换器的位数也不同，一般采用 12 位和16 位两种。前置多路转换开关的路数也不尽相同，一般有 8 路、16 路和 32 路之分。A/D 变换器的启动使用程序启动方式，其转换状态和结果可用程序查询和读出，转换结束信号也可用中断方式通知 CPU 进行处理。

三、模拟量输出部件

模拟量输出部件由 D/A 变换器和相关的基准电源、阻容元件所组成。不同的板卡所采用的 D/A 变换器的位数和路数也不相同，一般采用的位数为 12 位，输出路数由 2路、4 路、6 路和 8 路之分。不同路数的 D/A 变换器可同时或分别输出模拟量，且一直保持到下次变化之前。板卡上一般还设有跨接器，依靠改变跨接器的连接方式，可分别选择电压和电流的输出方式。

四、可编程 D_I/D_O 电路

数字量的输入/输出，也是计算机测控系统不可缺少的一个组成部分，大多数多功能板卡的数字量的输入/输出部件都由一片可编程的并行接口芯片 Intel 8255 所组成。它

为用户提供 24 路 TTL 电平的 D_1/D_0 信号,它有三种工作方式,其功能组态全由软件编程所决定。为此,它与外围设备相接时通常不需要附加外部逻辑电路。

五、可编程技术/定时器部件

该部件由一片可编程技术/定时器芯片 Intel 8253 和有关的跨接选择器所组成。8253 芯片是一个具有四个输入/输出接口的部件,其中包括三个计数器和一个可编程工作方式的控制寄存器。在一般情况下,它可为用户提供 3 个 16 位字长的计数/定时器通道。当采用定时启动 A/D 工作方式时,其中一个通道控制 A/D 变换器的工作时间,另外两个通道仍可作为用户自定义用途的计数/定时器。

多功能接口卡的问世,极大地方便了测控系统的开发和研发,节省了大量繁杂而又枯燥的重复劳动。目前,各种型号的多功能接口卡作为工控机的部件出售,关于它们的使用和控制方法,每种接口卡都带有详细的说明书。读者可根据自己的测控系统任务的需要进行选择,并根据其说明书具体地掌握其使用方法。

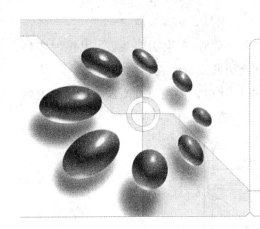

‖项目八 传感器的抗干扰技术‖

课题一　噪声及防护

在测量过程中,往往会发现总是有一些无用的背景信号与被测信号叠加在一起,被称为骚扰或噪声。如果骚扰引起设备或系统的性能下降时,称之为干扰。

噪声对检测装置的影响必须与有用信号共同分析才有意义。衡量噪声对有用信号的影响常用信噪比(S/N)来表示,它是指信号通道中,有用信号功率 P_s 与噪声功率 P_n 之比,或有用信号电压 U_s 与噪声电压 U_n 之比。信噪比常用对数形式来表示,单位为分贝(dB),即

$$S/N = 101g(P_s/P_n) = 201g(U_s/U_n)$$

在测量过程中应尽量提高信噪比,以减少噪声对测量结果的影响。

噪声信号来自于骚扰元或干扰源。工业现场经常是几个骚扰元或干扰源同时作用于检测装置,只有仔细地分析其形式及种类,才能提高有效的抗干扰措施。下面介绍常见的噪声骚扰,并提出对应的防护措施。

一、机械骚扰

机械骚扰是指机械振动或冲击使电子检测装备中的元件发生振动,改变了系统的电气参数,造成可逆或不可逆的影响。

例如,若将检测仪表直接固定在剧烈振动的机器上或安装于汽车上时,可能引起焊点脱焊、已调整好的电位器滑动器位置改变、电感线圈电感量变化等,并可能使电缆接插件滑脱,开关、继电器、插头及各种紧固螺钉松动,印制电路板从插座中跳出,造成接触不

良或短路。

在振动环境中,当零件的固有频率与振动频率一致时,还会引起共振。共振时零件的振幅逐渐增大,其引脚在长期交变应力作用下,会引起疲劳断裂。

对于机械骚扰,可选用专用减振弹簧—橡胶垫脚或吸振海绵垫来降低系统的谐振频率,吸收振动的能量,从而减小系统的振幅,如图 8-1、图 8-2、图 8-3 所示。

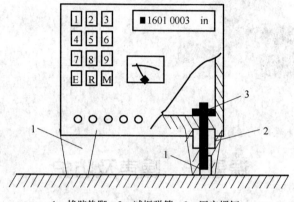

1—橡胶垫脚; 2—减振弹簧; 3—固定螺钉

图 8-1 减振弹簧-橡胶垫脚

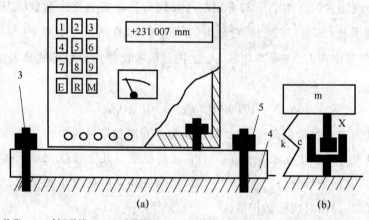

1—橡胶垫脚;2—减振弹簧;3—固定螺钉;4—吸振橡胶(海绵)垫;5—橡胶套管(起隔震作用)

m—质量块;k—弹簧;c—阻尼器

图 8-2 两种减振的方法

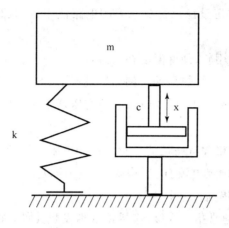

图 8-3 减振等效机械图

二、温度及化学物质骚扰

当环境相对湿度大于 65％时,物体表面就会附着一层厚度为 0.01～0.1 μm 的水膜,当相对湿度进一步提高时,水膜的厚度将进一步增加,并深入材料内部。不仅降低了绝缘强度,还会造成漏电、击穿和短路现象;潮湿还会加快金属材料的腐蚀,并产生原电池电化学干扰,在较高的温度下,潮湿还会促使霉菌的生长,并引起有机材料的霉烂。

某些化学物品如酸、碱、盐、各种腐蚀性气体以及沿海地区由海风带到岸上的盐雾也会造成与潮湿类似的漏电腐蚀现象。

在上述环境中工作的检测装备必须采用以下措施来加以保护:

(1) 将变压器等易漏电或击穿的元器件用绝缘漆或环氧树脂浸渍,将整个印刷电路板用防水硅胶密封(如洗衣机中那样)。

(2) 对设备定期通风加热驱潮,或保持机箱内的微热状态。

(3) 将易受潮的电子线路安装在不透气的机箱中,箱盖用橡胶圈密封。

三、热骚扰

热量,特别是温度波动以及不均匀温度场对监测装置的干扰主要体现在以下三个方面:

(1) 各种电子元件具有一定的温度系数,温度升高,电路参数会随之改变,引起误差。

(2) 接触热电动势:由于电子元件多由不同金属构成,当它们相互连接组成电路时,如果各点温度不均匀就不可避免地产生热电动势,它叠加在有用信号上引起测量误差。

(3) 元器件长期在高温下工作时,将降低使用寿命、降低耐压等级,甚至烧毁。

克服热骚扰的防护措施有:

(1) 在设计检测电路时,尽量选择低温漂元件。例如采用金属膜电阻、低温漂、高精度、运算放大器,对电容器定量稳定性要求高的电路使用聚苯乙烯等温度系数小的电容器等。

(2)在电路中考虑采用软、硬件温度补偿措施。

(3)尽量采用低功耗、低发热元件。例如尽量不用 LSTTL 器件,而改用 HCTTL 或其他低电压(例如 3 V 电源)、低功耗电路;电源变压器采用高频率、低空载电流系列(例如 R 型、环型)等。

(4)选用的元器件规格要有一定的余量。例如电阻的瓦数要比估算值大一倍以上,电容器的耐压、晶体管的额定电流、电压均要增加一倍以上。其成本并不与额定值成比例增加,但可靠性却大为提高。

(5)仪器的前置级(通常指输入级)应尽量远离发热元件(如电源变压器、稳压模块、功率放大器等);如果仪器内部采用上下级结构,前置级应置于最下层;如果仪器本身有散热风扇,则前置级必须处于冷风进风口(必须加装过滤灰尘的毛毡),功率级置于出风口。

(6)加强散热:①空气的导热性能比金属小几千倍,应给发热严重的元件安装金属散热片。应尽量将散热片的热量传导到金属机壳上,通过面积很大的机壳来散热。元器件与散热片之间还要涂导热硅脂或垫导热薄膜;②如果发热量较大,应考虑强迫对流,采用排风扇或半导体制冷(温差制冷)器件以及热管(内部充有低沸点液体,沸腾时将液体带到热管的另一端去)来有效地降低功率器件的温度。

(7)采用热屏蔽。所谓热屏蔽就是用导热性能良好的金属材料做成屏蔽罩,将敏感元件、前置级电路包围起来,使罩内的温度场趋于均匀,有效地防止热电动势的产生。对于高精度的计量工作,还要将监测装置置于恒温室中,局部的标准量具,如频率基准等还需置于恒温油槽中。

总之,温度干扰引起的温漂比其他干扰更难克服,在设计、使用时必须予以充分注意。

四、固有噪声骚扰

在电路中,电子元件本身产生的、具有随机性、宽频带的噪声称为固有噪声。最重要的固有噪声源是电阻热噪声、半导体散粒噪声和接触噪声。例如,电视机未接收到信号时屏幕上表现出的雪花干扰就是由固有噪声引起的。

(1)电阻热噪声。任何电阻即使不与电源相连,在它的两端也有一定的交流噪声电压产生,这个噪声电压是由于电阻中的电子无规则的热运动引起的。电阻两端出现的热噪声电压的有效值 U_t 为

$$U_t = 4kTR\Delta f$$

式中:k——波尔兹曼常数;

T——热力学温度；

R——电阻值；

Δf——噪声带宽。

例　某放大器的输入电阻为 1 MΩ,带宽为 2 MHz,放大器的放大倍数为 100,求环境温度为 27℃时,在放大器的输出端可能得到宽带噪声电压有效值 U_t。

解:(1)若输入信号为微服伏级,则可能被噪声所淹没。

为了减少电阻热噪声,应根据实际需要来确定电路的带宽,不应片面强调很宽的高频响应和高输入电阻放大电路;电路中尽量不用高阻值的电阻,尽量降低前置级的温度。

(2)半导体散粒噪声。在半导体中,载流子的随机扩散以及电子—空穴对的随即发生及复合形式的噪声称为散粒噪声,在收录机技术中,称为"流水声"。从整体看,散粒噪声使流过半导体的电流产生随机性的涨落,从而干扰测量结果。选用低噪声晶体管、减小半导体器件的电流和电路的带宽,均能减小散粒噪声的影响。例如在录音机前置放大极中,多采用槽 β 晶体管或低功耗集成电路,在不减小放大倍数的情况下,它的工作电流可以减小到0.1 mA,以减小散粒噪声。

(3)接触噪声。接触噪声是由元器件间的不完全接触,从而形成电导率的起伏而引起的。它发生在导体连接的地方,如开关、继电器触点、电位器触点、接线端子电阻、晶体管内部的不良接触等。接触噪声是低频电路中的主要噪声,减小流过触点的直流电流、采用镀金或镀铑触点、增加接触压力等均可减小接触噪声。

五、电、磁噪声骚扰

在交通、工业生产中有大量的用电设备产生火花放电,在放电过程中,会向周围辐射出从低频到高频大功率的电磁波。无线电台、雷电等也会发射出功率强大的电磁波。上述这些电磁波可以通过电网、甚至直接辐射的形式传播到离这些噪声源很远的检测装置中。在工频输电线附近也存在强大的交变电场和磁场,将对十分灵敏的检测装置造成骚扰或干扰。由于这些干扰源功率强大,要消除它们的影响较为困难,必须采取多种措施来防护,我们将在下一节作专题讨论。

课题二　差模干扰和共模干扰

一、差模干扰

1. 差模干扰的概念

差模干扰又称为串模干扰,它是指干扰信号叠加在被测信号上的干扰。由于干扰信号串联在信号源回路中,因此,在监测装置检测系统时,干扰信号就与被测信号一起被输入检测系统,对检测系统形成干扰,这种叠加后的干扰也称为常态干扰或横向干扰。它使检测仪表的一个信号输入端子相对另一个信号输入端子的电位发生变化,即干扰信号与有用信号按电压源形式串联起来作为输入端。因为它和有用信号叠加起来直接作用于输入端,所以它直接影响信号通道电路。

2. 产生差模干扰的原因

差模干扰是由于信号线分布电容的静电耦合,信号线传输距离较长引起的互感,空间电磁的电磁感应以及工频干扰等引起的,这种干扰较难除掉。

在机电一体化系统中,被测信号是直流(或变化比较缓慢的)信号,而差模干扰则是一些杂乱的并含有尖峰脉冲的波形,如图 8-4 所示为差模干扰产生的原理和波形。

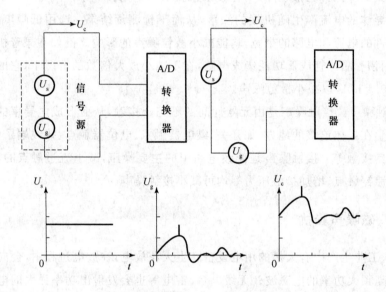

图 8-4　差模干扰产生的原理和波形

图 8-4 中 U_s 表示理想的被测信号,U_g 表示不规则的干扰信号,U_c 表示实际传输信号,且实际传输信号 U_c 为理想的被测信号 U_s 与不规则的干扰信号 U_g 的叠加。

二、共模干扰

1. 共模干扰的概念

共模干扰是指系统的信号输入端相对于接地端产生干扰电压。干扰信号以地为公共回路,只在信号回路和测试回路这两条线路中流过。共模干扰也称为对地干扰或纵向干扰,它是相对于公共的点为基准点(通常为接地点),在检测系统的两个输入端子上同时出现的干扰。如图 8-5 所示,R_{c1}、R_{c2} 分别为干扰源阻抗,R_{s1}、R_{s2} 分别为信号传输线对地的漏阻抗。虽然干扰电压 U_n 不直接影响测量结果,但是当信号输入电路的参数不对称时,它会转化为差模干扰,对测量产生影响。

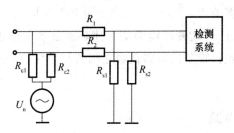

图 8-5　共模干扰阻抗图

2. 产生共模干扰的原因

信号源的接地点与检测系统的接地点一般相隔一段距离,在两个接地点之间往往存在一个电位差,该电位差是系统信号输入端和检测装置共有的干扰电压,会对系统产生共模干扰。共模干扰是指同时加载在各个输入信号接口的共有的信号干扰。共模干扰主要是由于设备对地漏电,设备与地之间存在电位差,线路本身对地就具有干扰等因素产生的。由于线路的不平衡状态,共模干扰若是转换成差模干扰,就较难除掉了。共模干扰产生的原理图如图 8-6 所示。

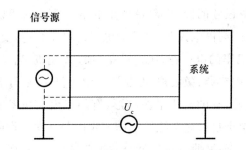

图 8-6　共模干扰产生的原理图

课题三　电磁兼容原理

一、电磁兼容(EMC)概念

自从 1866 年世界上第一台发电机开始发电至今的一百多年里,人类在制造出越来越复杂的电气设备的同时,也制造出越来越严重的电磁"污染"。如果不正视这种污染,研制出来的各种仪器设备在这种电磁污染严重的地方将无法正常工作。

1881 年英国科学家希维赛德发表了"论干扰"的文章,标志着研究抗干扰问题的开端。早在 20 世纪 40 年代,人们就提出了电磁兼容性的概念。我国从 20 世纪 80 年代至今,已制定了上百个电磁兼容国家标准,强制要求所有的电气设备必须通过相关电磁兼容标准的性能测试。

电磁兼容的定义通俗地说,是指电气及电子设备在共同的电磁环境中能执行各自功能的共存状态,即要求在同一电磁环境中的上述各种设备都能正常工作又互不干扰,达到"兼容"状态。兼容性包括设备内电路模块之间的相容性、设备之间的相容性和系统之间的相容性。

二、电磁干扰的来源

一般来说,电磁干扰源分为两大类:自然界干扰源和人为干扰源,后者是检测系统的主要干扰源。

(1)自然干扰源。自然干扰源包括地球外层空间的宇宙射电噪声、太阳耀斑辐射噪声以及大气层的天电噪声。后者的能量频谱主要集中在 30 MHz 以下,对检测系统的影响较大。

(2)人为干扰源。人为干扰源又可分为有意发射干扰源和无意发射干扰源。前者如广播、电视、通信雷达和导航等无线设备,它们有专门的发射电线,所以空间电磁场能量很强,特别是离这些设备很近时,干扰能量是很大的。后者是各种工业、交通、医疗、家电、办公设备在完成自身任务的同时,附带产生的电磁能量的辐射。如工业设备中的电焊机、高频炉、大功率机床起停电火花、高压输电线的电晕放电,交通工具中的汽车、摩托车点火装置、电力牵引机车的电火花,医疗设备中的 X 光机、高频治疗仪器,家电中的吸尘器、冲击电钻火花、变频空调、微波炉,办公设备中的复印机、计算机开关电源等电机设备。它们有的产生电火花,有的造成电源畸形,有的产生大功率的高次谐波。当它们距离检测系统较近时,均会干扰检测系统的工作。我们在日常工作中也经常能感受到它们的影响,比如这些设备一开动,收音机里就会发出刺耳的噪声,所以有时也能利用便携式半导体收音机来寻找广播频段的干扰噪声源。

三、电磁干扰的传播路径

电磁干扰的形成必须同时具备三项要素,即干扰源、干扰途径以及对电磁干扰敏感性较高的接收电路—检测装置的前置级电路。

消除或减弱电磁干扰的方法可针对这三项因素,采取三方面措施:

(1)消除或抑制干扰源。积极、主动的措施是消除干扰源,例如使产生干扰的电气设备远离检测系统;将整流子电动机改为无刷电动机;在继电器、接触器等设备上增加消弧措施等,但多数情况是无法做到的。

(2)切断干扰途径。对于以"电路"的形式侵入的干扰,可采取诸如提高绝缘性能、采用隔离变压器、光耦合器等切断干扰途径;采用退耦、滤波等手段引导干扰信号的转移;改变接地形式切断干扰途径等。对于以"辐射"的形式侵入的干扰,一般采取各种屏蔽措施,如静电屏蔽、磁屏蔽、电磁屏蔽等。

（3）削弱接受回路对干扰的敏感性。高输入阻抗的电路比低输入阻抗的电路易受干扰;模拟电路比数字电路抗干扰能力差等。一个设计良好的检测装置应该具备对有用信号敏感、对干扰信号尽量不敏感的特性。以上三个方面的措施可用疾病的预防来比喻。

日常生活中我们会发现,当电吹风机靠近电视机时,电视机屏幕上将产生雪花干扰,扬声器中传出"噼噼、啪啪"的干扰声,并伴随有 50 Hz 的嗡嗡声。如图 8-7 所示,电吹风机是通过哪些途径来干扰电视机的?

电吹风机是干扰源。电磁波干扰来源于电吹风机内的电火花,它产生高频电磁波,以两种途径到达电视机:一是通过公用的电源插座,从电源线侵入电视机的开关电源,从而达到电视机的高频头;二是以电吹风机为中心,向空间辐射电磁波的能量,以电磁场传输的方式到达电视机的天线。

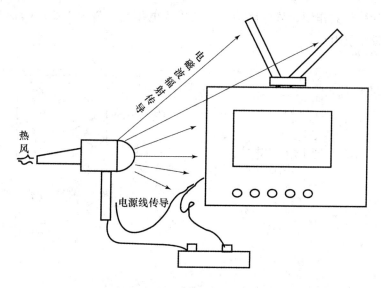

图 8-7　电吹风对电视机的干扰途径

通常认为电磁干扰的传输路径有两种方式,即"路"的干扰和"场"的干扰。路的干扰又称传导干扰,场的干扰又称辐射干扰。

路的干扰必定在干扰源和被干扰对象之间有完整的电路连接,干扰沿着这个通路到达被干扰对象。例如通过电源线、变压器、信号线引出的干扰,通过共用一段接地线引入的共阻抗干扰、通过印刷电路板、接线端子的漏电阻引入的干扰等都属于路的干扰。

场的干扰不需要沿着电路传输,而是以电磁场干扰发射（EMI）的方式进行。例如,当传感器的信号线与电磁干扰源平行时,高频干扰或 50 Hz 电场就通过两段导线的分布电容,将干扰耦合到信号线上。又如信号线与电焊机或电动机的电源线平行时,这些大功率设备的电源线周围存在大电流产生的强大磁场,通过互感的形式将

50 Hz 干扰耦合到信号线上。下面举例说明常见的路和场的干扰,以及如何切断这些干扰途径。

1. 通过路的干扰

(1) 由泄漏电阻引起的干扰

当仪器的信号输入端子与 220 V 电源进线端子之间产生漏电、印制电路板上前置输入端与整流电路存在漏电等情况下,噪声源(可以是高频干扰、也可以是 50 Hz 干扰或直流电压干扰)得以通过这些漏电电阻作用于有关电路而造成干扰。被干扰点的等效阻抗越高,由泄漏电阻引起的干扰如图 8-8 所示。图中的 U_{ni} 为噪声电压。R_i 为被干扰电路的输入电阻,R_o 为漏电阻。作用于 R_i 上的干扰电压 U_{no} 为

$$U_{no} = (R_i/(R_o + R_i))U_{ni}$$

设 U_{ni} 为电路中的交流电源,其有效值为 15 V,$R_i = 10\ 000\ 000\ \Omega$,$R_o = 100\ 000\ 000\ 000\ \Omega$,根据上式可计算得到作用于该电路输入端的干扰电压有效值为 1.5 mV,而且是比较难以滤除的差模干扰电压。

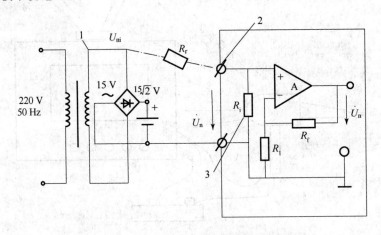

图 8-8　泄漏电阻引起的干扰

上述这种差模干扰的等效电路及波形如图 8-9 所示。从图 8-9 可以看出,差模干扰电压 U_{ni} 叠加在有用信号上。要消除差模干扰,可在回路中插入"低通滤波器"。

要减小印制电路板漏电引起的干扰,就要采用高质量的玻璃纤维环氧层压板,并在表面制作不吸潮的阻焊层。还可以在高输入阻抗电路周围制作环形的双面接地印制铜箔,形成"接地保护环",使漏电流入公共参考端,而不致影响到高输入阻抗电路;要减小信号输入端子漏电引入的电源干扰,就应使它远离电源进线端子(例如 220 V 或 V_{cc}),并在印制电路板上信号输入端子和电源端子之间设置接地的"金属化过孔";要减小电源变压器的漏电引起的干扰,就要将变压器真空浸漆或用环氧树脂灌封等。

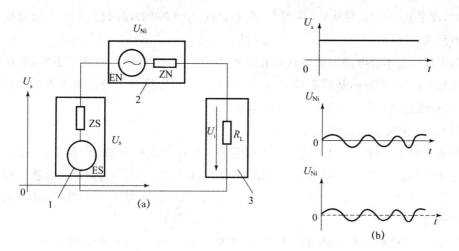

图 8-9　差模干扰的等效电路及波形图

（2）由共阻抗耦合引起的干扰

它是指当两个或两个以上的电路共同享有或使用一段公共的线路，而这段线路又具有一定的阻抗时，这个阻抗成为这两个电路的共阻抗。第二个电路的电流流过这个共阻抗所产生的压降就成为第一个电路的干扰电压。常见的例子是通过接地线阻抗引入的共阻抗耦合干扰。在图 8-10 中，一个功率放大器的输入回路的地线与负载（例如扬声器、继电器等）的地线共用一段印制电路板地线。例如当这段地线长 100 mm，宽 3 mm，印制电路板的铜箔厚度为 0.03 mm 时，它的直流电阻 R_2 约为 0.02 Ω。如果负载电流为 1 A，则在 R_3 上的压降约为 20 mV，相当于在图 8-10 的放大器同相输入端加入一个正反馈信号，其结果有可能引起自激振荡。

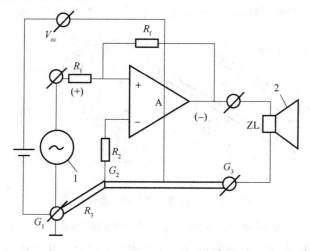

图 8-10　共阻抗耦合引起的干扰的原理图

在高频情况下，地线的共阻抗不但要考虑直流电阻，还要考虑集肤效应和感抗。在上例中,若 $f=1\ \text{MHz}$,则从 G_2 点到 G_3 点的阻抗 $Z_3=200\ \Omega$,其数值之大可能是读者所预料不到的。

以上仅讨论本级电路的共阻抗。在多级电路中,共阻抗耦合干扰就更大,解决办法是地线分开设置。另外,从图 8-10 中还可以看出,共阻抗耦合干扰也属于差模干扰的形式,若设计线路时不予以注意,是很难消除的。

(3) 由电源配电回路引入的干扰

交流供配电线路在工业现场的分布相当于一个吸收各种干扰的网络,而且十分方便地以电路传导的形式传遍各处,并经检测装置的电源线进入仪器内部造成干扰。最明显的是电压突跳和交流电源波形畸变使工频的高次谐波(从低频延伸至高频)经电源线进入仪器的前级电路。

例如,晶闸管电路在导通角较小时,电压平均值很小,而电流的有效值却很大,使电源电压在其导通期间有较大的跌落,50 Hz 电源波形不再为正弦波,其高次谐波分量在 100 kHz 时还有很可观的幅值,易造成辐射干扰。

又如,现在许多仪表均使用开关电源,电磁兼容性不好的开关电源会经电源线往外泄漏出几百千赫的尖脉冲干扰信号。干扰的频率越高,越容易通过空间辐射或检测仪表电源回路闯入检测仪表的放大电路中。

2. 通过场的干扰

工业现场各种线路上的电压、电流的变化必须反映在其对应的电场、磁场的变化上,而处在这些"场"内的导体将受到感应而产生感应电动势和感应电流。各种噪声源常常通过这种"场"的途径将噪声源的部分能量传递给检测电路,从而造成干扰。

(1) 由电场耦合引起的干扰

电场耦合实质上是电容性耦合。两平行导线通过电容性电场耦合示意图如图 8-11 所示。

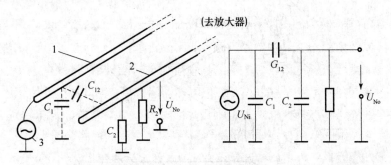

图 8-11 电场耦合引起的干扰原理图

设导线 1 上的噪声电压为 U_{Ni},导线 1 与导线 2 之间的分布电容为 C_{12},导线 1 对地电容为 C_1,导线 2 对地电容、电阻分别为 C_2、R_2,在导线 2 上产生干扰电压 U_{No}。在导线 2 上产生的干扰电压 U_{No} 可用以下两式来计算。当 R_2 的阻值与 C_2 的容抗相比大许多时有

$$U_{No} \approx U_{Ni}(C_{12}/(C_{12}+C_2))$$

当 R_2 较小、C_2 较大时,可忽略 C_2 的影响,则 U_{No} 可用下式来计算

$$U_{No} \approx jwR_2C_{12}U_{NI}$$

从以上可知,要减少电场耦合干扰,就必须:①减小导线 1 对导线 2 的分布电容 C_{12}(尽量拉开两者在空间上的距离);②减小导线 2 的对地电阻 R_2;③增大导线 2 与大地之间的电容 C_2(可并联一个对地电容以增大之),但该方法将使电路的响应速度变慢,只适用于低速测量。

电场耦合干扰的一个例子是动力输电线路对传感器信号线(如热电偶传输线)的干扰,如图 8-12 所示。如果 $C_1 = C_2$(输电线与传感器信号线距离相等),$Z_{i1} = Z_{i2}$(仪器输入阻抗对称),则 U_{Ni} 对两根信号传输线的干扰大小相等、相位相同,就属于共模干扰。由于仪用放大器的共模抑制比 K_{cmr} 一般均可达到 100 dB 以上,所以 U_{Ni} 对检测装置的影响不大。但当二次仪表的两个输出端出现很难避免的不平衡时,共模电压的一部分将转换成差模干扰,就较难消除了,因此必须尽量保持电路的对地平衡。例如在实际布线时,信号线多采用双绞扭导线。双绞扭导线能保证两根信号线与干扰源的平均距离保持一致,也就保证了 $C_1 = C_2$。克服电场干扰更好的办法是采用静电屏蔽技术。

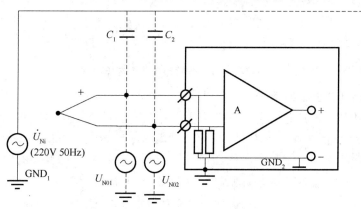

图 8-12　动力输电线路对传感器信号线的干扰原理图

图 8-12 为动力输电线路对传感器信号线的干扰原理图。从图 8-13 可知,这种情况下的干扰属于差模干扰,防止磁场耦合干扰的途径办法有:①使信号源引线原理强电流干扰源,从而减小互感量 M;②采用低频磁屏蔽;③采用双绞扭导线等。采用双绞扭导线可以使引入信号处理电路两端的干扰电压大小相等、相位相同,从而使差模干扰转变成共模干扰,双绞扭导线将磁场耦合干扰转换成共模电压的示意图 8-14 所示。

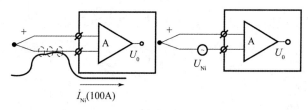

图 8-13　差模干扰

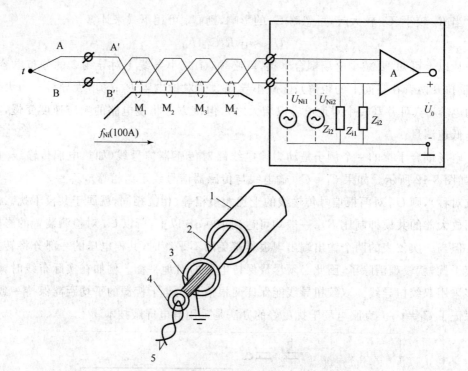

图 8-14　磁场耦合干扰转换成共模电压原理图

（2）由磁场耦合引起的干扰

磁场耦合干扰的实质是互感性耦合干扰。

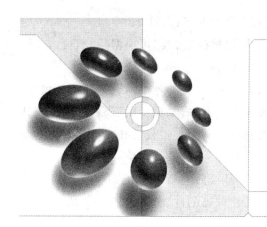

项目九 传感器的应用

课题一　基于虚拟仪器的检测系统

一、虚拟仪器简介

虚拟仪器的概念,是美国国家仪器公司于 1986 年提出的。它引发了传统仪器领域的一场重大变革,使得计算机和网络技术得以进入仪器领域,从而开创了"软件就是仪器"的先河。

一般认为,所谓虚拟仪器是指:在以通用计算机为核心的硬件平台上,用途由用户自己定义的、测试功能由测试软件实现的、具有虚拟面板的一种计算机仪器系统。虚拟仪器可以代替传统的测量仪器,如示波器、逻辑分析仪、信号发生器、频谱分析仪等,使测量人员从繁杂的仪器堆中解放出来;可集成为自动控制系统;可自由构建成专用仪器系统。无论哪种虚拟仪器系统,都是将仪器硬件搭载到笔记本电脑、台式 PC 或工作站等各种计算机平台,再加上应用软件而构成的。虚拟仪器通过软件将计算机硬件资源与仪器硬件有机地融合为一体,从而把计算机强大的计算处理能力和仪器硬件的测量、控制能力结合在一起,大大缩小了仪器硬件的成本和体积。

与传统仪器相比,虚拟仪器有以下优点:

(1) 融合计算机强大的硬件资源,突破了传统仪器在数据处理、显示、存储等方面的限制,大大增加了传统仪器的功能。高性能处理器、高分辨率显示器、大容量硬盘等已成为虚拟仪器的标准配置。

(2) 利用了计算机丰富的软件资源,实现了部分仪器硬件的软件化,节省了硬件资源,增加了系统的灵活性;通过软件技术和数值算法,实时、直接地对测试数据进行各种分析与处理;通过图形用户界面(GUI)技术,实现了界面友好、人机交互。

例如,传统仪器只有一块仪器面板,但是,虚拟仪器的"面板"可根据用户自己定义。仪器的操作是通过鼠标选中不同的按键和旋钮来完成的。

(3)基于计算机总线,虚拟仪器的硬件实现了模块化、系列化,大大缩小了系统尺寸。

(4)基于计算机网络技术和接口技术,虚拟仪器具有方便、灵活的互联,广泛支持诸如 CAN、FieldBus、PROFIBUS 等各种工业总线标准。利用虚拟仪器技术可方便地构建自动测试系统,实现测量、控制过程的网络化。

(5)可以方便地加入或更换一个通用模块,而不用购买一个全新的系统,有利于检测系统的扩展,具有较大的价格优势。虚拟仪器与传统仪器的性能比较如表 9-1 所示。

表 9-1　USB 连接器 4 个引脚的功能

引脚编号	导线名称	导线颜色
1	V_{BUS}（＋5 V/500 mV）	红
2	D−	白
3	D+	绿
4	GND	黑

续　表

传统仪器	虚拟仪器
系统封闭,功能固定,扩展性强	系统开放,灵活,可构成多种仪器
测试系统开发时间长	测试系统开发时间段
数据无法编辑	数据可编辑,储存,打印
硬件是关键,必须由专业厂家生产	软件是关键,升级方便
仪器间一般无法通用所以整体价格相对昂贵	仪器间资源可重复利用率高,整体价格相对便宜
技术更新慢(周期为 5～10 年)	软件技术更新快(周期为 1～2 年)
开发和维护费用高	基于软件体系的开发和升级,费用较低

二、虚拟仪器的分类

随着计算机的发展和采用总线方式的不同,虚拟仪器可以用不同的总线仪器与计算机组建成不同类型的测控系统,也可以将几种方案结合起来组成混合测控系统。

(1)PC 总线—插卡型虚拟仪器。这种方式借助于插入计算机内的数据采集卡与专用的软件(如 LabVIEW)相结合来完成测试工作。它充分利用计算机的总线、机箱、电源的便利。插卡类型有 ISA 卡和 PCI 卡等多种类型。随着计算机的发展,ISA 型插卡正在被 PCI 插卡取代。这种虚拟仪器的缺点是:机箱内部的噪声电平较高,插槽数目较少,插槽周围的空间比较小,机箱内无法屏蔽。但是这种形式的虚拟仪器是基于台式个人计算机,价格比较便宜。

（2）串行口式虚拟仪器。串行口式虚拟仪器把仪器硬件集成在一个采集盒或一个探头内,并可连接到 PC 的各种端口（如 USB 口）上,仪器的软件装在计算机上,可以完成各种测量测试仪器的功能,可以组成数字存储示波器、频谱分析仪、逻辑分析仪、任意波形发生器、频率计、数字万用表、功率计、程控稳压电源、数据记录器、数据采集器等。现在的 PC 普遍提供 USB 接口,基于 USB 口的虚拟仪器适合于普及型的廉价系统。

（3）GPIB 总线方式的虚拟仪器。GPIB 仪器通过 GPIB 接口卡与计算机组成 GPIB 虚拟仪器,从而使电子测量独立的单台手工操作向大规模自动测试系统发展。典型的 GPIB 系统由一台 PC、一块 GPIB 接口卡和若干台 GPIB 电缆连接而成,形成自动测量系统。

（4）VXI 总线方式虚拟仪器。VXI 总线是高速计算机总线—VME 总线在仪器领域的扩展。它是在 1987 年,由五家测试和仪器公司制定的仪器总线标准。VXI 总线具有标准开放、结构紧凑、有严格的 RFI/EMI 屏蔽,数据吞吐能力强（最高可达 40 Mbit/s）、定时和同步精确、模块可重复利用、即插即用方式、众多仪器厂家支持的特点,因此得到了广泛的应用。

经过十多年的发展,VXI 系统成为仪器系统发展的主流,尤其是组建大、中规模自动测量系统以及对速度、精度要求高的场合。然而,组建 VXI 总线要求有机箱、零槽管理器以及嵌入式控制器,造价比较高。

（5）PXI 总线方式虚拟仪器。PXI 总线是 NI 公司于 1997 年提出的新型总线。它以 Compact PCI 为基础、由具有开放性的 PCI 总线扩展而来,是一种专为工业数据采集与自动化应用定制的模块化仪器平台。PXI 总线的传输速率最高可达 500 Mbit/s,输出速率很高。

PXI 构造类似于 VXI 结构,但它的设备成本更低、运行速度更快、体积更紧凑。目前基于 PCI 总线的软硬件均可应用于 PXI 系统中,从而使 PXI 系统具有良好的兼容性。

（6）网络化虚拟仪器。为了共享测试系统资源,越来越多的虚拟仪器用户正在转向网络。利用 Lab VIEW 中的 Data Socket 控制可以实现基于虚拟仪器的网络化测试功能。虚拟仪器网络化的自动测试系统平台使用于多种工业现场对象的测试、控制和远程监控。今后有望实现从"软件就是仪表"到"网络就是仪表"的国度。

三、虚拟仪器的结构

传统仪器由信号采集、信号处理、结果表达以及仪器控制 4 部分组成,大多使用电子线路来实现的。在虚拟仪器中,信号采集和 A/D、D/A 转换仍由硬件实现,而信号处理和结果表达用软件实现。虚拟仪器通常由三大功能块组成,即:模块化数据采集硬件、计算机硬件平台和用于数据分析、过程通信及图形用户界面的软件组成。

（1）信号采集调理模块完成对被测信号的采集、调理、A/D 转换、传送、D/A 转换、控制等功能。信号采集调理模板主要有串口模板、VXI 总线仪器模块、PXI 仪器模板、GPIB 仪器模块、插入式数据采集卡(Data Acquisition Board)等。信号调理(Signal Conditioning,SC)指的是将传感器检测到的信号进行放大、滤波、隔离、多路复用(电荷放大、电压放大、微积分、桥路平衡、激励电源和线性比)等预处理。

(2)虚拟仪器可以是各种类型的计算机,如普通台式计算机、便携式计算机、工作站、嵌入式计算机等。

(3)虚拟仪器的应用软件有工业自动化软件(如 Bridge VIEW、Lockout、Componentwork)、通用编程软件(Visual C++、Visual Basic、C++ Builder、Delphi)和专业图形化编程软件(LabVIEW、Labwindows/CVI、Component Works HiQ、Virtual Bench IVI)等。本书将在接下去的内容中,对 LabVIEW 作专题讨论。

在组建自动测试系统时,软件和硬件必须采用开放式模块化结构。采用虚拟仪器软件(VISA)的结构技术,保证不同测试接口之间最大的兼容性及互换性;采用 VPP 规范软件的驱动程序结构,保证仪器驱动程序良好的兼容性及通用性;应用开放数据库 ODBC 互联技术及 SQL 数据库查询语言,保证软件通用性;应用模块软件结构的设计方法,提高系统软件的灵活性、可移植性和可维护性,降低系统复杂性。

四、虚拟仪器的软件开发平台

选定计算机和必须的仪器硬件后,构建和使用虚拟仪器的关键就是应用软件。应用软件的几个重要目标是:

- 与仪器硬件的高级接口;
- 虚拟仪器的用户界面;
- 有好的开发环境;
- 仪器数据库。

1. 虚拟仪器的软件框架

虚拟仪器的软件框架从底层到顶层,包括三部分:虚拟仪器 I/O 函数库、仪器驱动程序和应用软件。

(1)虚拟仪器 I/O 函数库。一般称这个 I/O 函数库为虚拟仪器 SA 库(Software Architecture)。它驻留于计算机系统之中,执行仪器总线的通信功能,是计算机与仪器之间的软件层连接,以实现对仪器的程控。它对于仪器驱动程序开发者来说是一个个可调用的操作函数集。

(2)仪器驱动程序。它是完成对某一特定仪器控制与通信的软件程序集。每个仪器模块都有自己的仪器驱动程序,仪器厂家以源代码的形式提供给用户。

(3)应用软件。它建立在仪器驱动程序之上,直接面对操作用户。通过提供直观、友好的测控操作界面、丰富的数据分析与处理功能,来完成自动测试任务。

虚拟仪器应用软件的编写大致可分为两种方式：

① 用通用编程软件进行编写。主要有 Microsoft 公司的虚拟仪器 Visual Basic 和虚拟仪器 Visual C++、Borland 公司的 Delphi 和 Sybase 公司的 Power Builder 等；

② 用专业图形化编程软件进行编写。如 HP 公司的 VEE、NI 公司的 LabVIEW 和 Labwindows/CVI 等。

应用软件还包括通用数字处理软件。通用数字处理软件包括由于数字信号处理的各种功能函数，如频域分析中的功率谱估计、FFT、FHT、逆 FHT 和细化分析、小波分析等；时域分析中的相关分析、卷积运算、反卷积运算、均方根估计、差分积分运算和排序等，以及数字滤波等。这些功能函数为用户进一步扩展虚拟仪器的功能提供了基础。

2. LabVIEW 简介

（1）LabVIEW 的发展历程

20 世纪 80 年代早期，计算机界面逐渐趋于友好。NI 的工程师们意识到：需要一种强大的软件接口让用户通过他们的计算机获得更简单有效的测试与控制。不久，NI 为基于计算机的测量和自动化开发出了一个软件包：LabVIEW（Laboratory Virtual Instrument Engineering Workbench）。

LabVIEW 是基于 C 语言的、革命性的图形化开发语言，用来进行数据采集和控制、数据分析和表达。它的目标是简化程序的开发工作，让工程师和科学家能充分利用 PC 的功能，快速、简便地完成自己的工作。20 余年的不断充实，使 LabVIEW 成为丰富、强大的实用工具软件包。它的内部配有 GPIB、VXI、串口和插入式 DAQ 板的库函数，以及全球数百家厂商的仪器驱动程序。围绕这些核心软件还陆续开发出多种附件。

1986 年，LabVIEW For Macintosh 的推出引发了工业、仪器的革命。1990 年，LabVIEW 2.0的推出，提供了图形编译功能，使得 LabVIEW 中的虚拟仪器可以像编译 C 语言一样的速度运行。后来不断推出的 LabVIEW 新版本使它可同时支持 Windows XP 和 Windows NT 4.0，并可以调用 LabWindows/C 虚拟仪器的程序，同时提供给用户的是一个应用系统生成器（Application Builder），它使虚拟仪器变成一个可以独立运行的系统。

2003 年，NI 发布了 LabVIEW 8.0 新版本利用了 LabVIEW 仪器驱动查找器（LabVIEW Instrument Driver Finder），可以自动地识别所连接的仪器，并且从 NI 驱动器网络（NI Instrument Driver Network）上提供的 4000 余种驱动中寻找、下载和安装合适的驱动。利用一个改进的 DAQ 助手以及支持对 NI 数据采集设备进行仿真的 NI-DAQmx8 软件，工程师和科学家无须硬件就可以对他们的 LabVIEW 开始编程。NI 还第一次推出了简体中文版的 LabVIEW 文档，方便了我国的用户。

经过 20 多年的发展，我们今天所看到的已经成为一个具有直观界面、便于开发、易于学习且具有各种仪器驱动程序和工具库的大型仪器系统开发平台。

由于 LabVIEW 的升级很快，这里无法一一介绍，有兴趣的读者可以上网查阅

LabVIEW的新版块和它们的新功能。

（2）LabVIEW 图形化开发环境

LabVIEW 是一种图形化的编程语言和开发环境，使用这种语言编程时，基本上不需要编写程序代码，而是"绘制"程序流程图。

LabVIEW 与虚拟仪器有着紧密联系，在 LabVIEW 中开发的程序都被称为 VI，其扩展名为".vi"。VI 包括三个部分：前面板、程序框图和图标/连接器。

程序前面板用于设置输入数值和观察输出量，用于模拟真实仪表的前面板。在程序前面板上，输入量称为控制器，输出量称为显示器。控制和显示是以各种图标形式出现在前面板上，如旋钮、开关、按钮、图表、图形等，这使得前面板直观易懂。

程序框图是定义 VI 功能的程序源代码。每一个程序前面板都对应着一段框图程序。框图程序用 LabVIEW 图形编程语言编写，可以把它理解成传统程序的源代码。框图程序由"端口"、"结点"、"图框"和连线构成。其中端口用来完成程序前面板的控制以及显示、传递数据。结点用来实现函数和功能调用，图框用来实现结构化程序控制命令，而连线代表程序执行过程中的数据流，从而定义框图内的数据流动方向。

DAQ（数据采集）系统从真实世界捕捉、测量并分析物理量。数据采集是从传感器等设备收集和测量被测信号，并将它们送到计算机进行处理的过程。数据采集也可以包括模拟或数字控制信号的输出。

一个 DAQ 系统的基本组成部分包括下列条目：

① 传感器、变换器。将被测量如光、温度、压力或振动等转变为可测量的电信号的装置。

② 信号。信号是 DAQ 系统传感器、变换器的产物。

③ 信号调理。信号调理是指连接到 DAQ 设备的硬件，它的功能是减小噪声、使信号适合于测量。最常用的信号调理包括放大、线性化、隔离和滤波。

④ 计算机平台。计算机平台用于获取、测量和分析数据的硬件设备。

⑤ 软件。软件完成测量和控制应用程序的设计和编程。

五、虚拟仪器技术的应用实例

东风135 高速柴油机是工程师机械的常用动力，在工业中得到广泛应用，目前已有约 300 余种。某被测 135 柴油机的额定参数如下：

发动机功率：280 kW。

发动机转速：1 500 r/min。

转矩：400 N·m。

平均压力：1.5 MPa。

最高燃烧压力：11 MPa。

冷却水温度:75~80℃。

进气温度:50~70℃。

机油温度:85~90℃。

排气背压:6 kPa。

排气温度:80~200℃。

燃油消耗:210 g/(kWh)。

机油消耗:1 g/(kWh)。

试验时间:30 h。

为了测量与上述指标有关的参数,必须进行台架试验。传统的内燃机台架试验机功能简单,测试效率低,实验过程缺乏统一的数据处理。改造前的内燃机试验台采用多家厂商的测试仪器,有不同的数据记录格式,无论是软件还是硬件都很难兼容,设备升级能力及扩展性差,安装接线工作量大。

随着虚拟仪器技术的发展,利用 NI 公司开发 LabVIEW 虚拟仪器作为开发平台,设计了发动机台架实验的测试系统。

1. 硬件系统的设计

柴油机台架试验整个检测系统大致由 3 个部分组成。第一部分分为传感器和一次仪表,其功能是把发动机的性能参数通过传感器转化为相应的电信号;第二部分分为信号调理模块和数据采集卡。其主要功能是对信号进行采样、放大、A/D 转换,并把采集到的数据以一定的格式传送给上位计算机;第三部分为计算机处理系统,其功能是实现数据的处理、显示、存储以及图表打印等。

系统采用了 NI 公司的 Lab-PC-1200 数据采集卡。它的性能价格高,能够完成信号采集和 A/D 转换、D/A 转换以及定时/计数等功能。它具有 8 个模拟量输入通道、两个模拟量输出通道、24 个数字量 I/O 接口、3 个 16 位的计数器。数据采集卡插入计算机的 PCI 插槽中。在进行数据采集卡软件驱动前,应进行参数设置。参数设置是通过 NI 公司提供的 Measurement&Automation。

2. 软件系统的设计

软件系统主要包括参数设置、数据采集与存储、软件操作面板、实验结果的显示与打印、实验过程演示等几大部分组成。

(1)参数设置。由于发动机台架实验一般要做负荷特性、速度特性等好几种实验,在进入测试系统后,可以根据用户要求,选择所要做的实验项目。为了保护实验设备和人员安全,还可以根据不同的发动机型号,设置转速、机油温度、冷却水温度以及排气温度的报警值。如果测得的实验数据超过了所设置的报警值,系统命令发动机停机。

(2)数据采集与存储。进入系统后,利用数据采集助手 DAQ Assistant 模块进行数据采集、任务分配,并通过对该采集卡参数的设置,确定各路信号所对应的"端口号"。在操作面板的 Chart 图上,实时地显示出采集到的各路数据,并用不同的颜色来加以区分,使实验人员很容易看出各个参数的变化情况。采集过程中,如果测得的某个数据超过了预先设置的报警值,系统立即进行声光报警。

(3) 软件操作面板。VPP 系统软面板由前面板和程序这两种类型的面板组成。前面板为操作用户界面,在执行过程中始终处于打开状态,它可能处于非激活状态,但在操作应用过程中必须打开且是可见的。程序面板是前面板调用的面板。虽然前面板和程序面板应用特点和格式有所不同,但均应为操作用户提供推出或取消操作的方法和功能。

软面板设计方法如下:由于必须考虑在不同的平台和计算机显示器上执行完成各类操作,所以应保证软面板是可移植的。软面板在开发时应选择其分辨力不大于 640×480 个像素的标准 VGA 显示器,以便确保与高分辨力显示器兼容。

中、英文字体的选择也应具备可移植性和易读性。软面板上的控制器和指示器都必须有标签,每个标签都应当恰当地表示它所代表的动作、意义明确。当移植到其他窗口管理器上时,完美得体的字体装板和布局是避免控制器上的标签相互重叠的关键。

不同功能的控制器和指示器都必须是一致的、易读的。标准控制器常规应有数字、逻辑、字符串与图形等 4 个功能组,通过装饰物来区分控制器和指示器属于哪种功能。装饰物包含 Raised Box、Flat Frame、Horizontal Button 等,前面板矩形标签应配置 Connect、Cancel 和 OK 等命令操作键。

(4) 实验结果的显示与打印。测试完毕后,执行函数 Read Lab VIEW Measurment File,将测试数据从数据文件中读入内存,运用曲线拟合的最小二乘法,对数据进行曲线拟合,并将运算的结果显示在操作面板的 Graph 图上。打印可以采用两种方式:如果只要打印发动机的特性曲线图,可以采用隐式调用 Excel 数据表的方法,打开与数据库的连接,然后打开 Print 打印操作面板上的 Graph 图;如果要做实验报表,既要出图又要出数据,可以采用显式调用 Excel 数据表的方法,在操作系统中直接激活数据文件。柴油机台架试验负荷特性实验操作面板如图 9-1 所示。

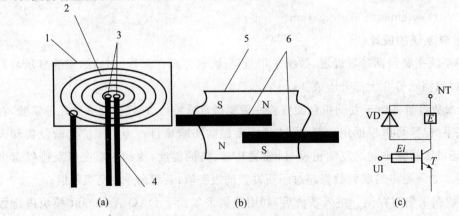

图 9-1　柴油机台架试验负荷特性实验操作面板

（5）实验过程演示。为了查找实验过程中出现异常现象原因，希望能够在计算机上再现实验过程。有必要在系统采集数据的同时，自动记录采集所用的总时间以及每组数据所对应的采集时刻，将这些信息与数据组一起写入数据库中。需要再次观察测量实验过程时，可以调出数据组，调用函数 Tick Count，按照每组数据采集的先后顺序，以一定的间隔时间（例如 0.5 s）在虚拟仪表上显示数据，同时在 Chart 图上显示曲线的变化。

课题二　传感器在现代汽车中的应用

一、汽车结构及工作过程概括

汽车类型繁多，结构比较复杂，大体可分为发动机、底盘和电气设备三大部分，每一部分均安装有许多检测和控制用的传感器。为分析方便起见，我们将之分成燃料系、点火系、传动系、轿厢系等几个系统。

发动机是汽车的动力装置，其作用是使吸入的燃料燃烧而产生动力，通过传动系统，使汽车行驶。

汽油发动机主要由汽缸、燃料系、点火系、启动系、冷却系及润滑系等组成。

当汽车启动后，电动汽油泵将汽油从油箱内吸出，由滤清器滤出杂质后，经喷油器喷射到空气进气管中，与适当比例的空气均匀混合，再分配到各汽缸中。混合气由火花塞点火而在汽缸内迅速燃烧，推出活塞，带动连杆、曲柄做回转运动。曲轴运动通过齿轮机构驱动车轮使汽车行驶起来。以上工作过程是在电控单元（Electronic Control Unit，ECU）控制下进行的。

二、传感器在汽车运行中的作用

（1）空气系统中的传感器。为了得到最佳的燃烧状态和最小的排气污染，必须对油气混合气中的空气—燃油比例（空燃比）进行精准的控制。空气系统中传感器的作用是计量和控制发动机燃烧所需要的空气量。

经空气滤清器过滤的新鲜空气经空气流量传感器测量之后再进入进气管，与喷油器喷射的汽油混合后才进入汽缸。ECU 根据车速、功率（载重量、爬坡等）等不同运行状况，控制电磁调节阀的开和程度来增加或减少空气流量。空气流量传感器有多种类型，使用较多的热丝式气体测速仪以及下面介绍的卡门涡街流量计。

在进气管中央设置一只直径为 d 的圆锥体（涡流发生器）。锥底面与空气流速方向垂直。当空气流过锥体时，由于空气与锥体之间的摩擦，在锥体的后部两侧交替地产生旋涡，并在锥体下游形成两列涡流，该涡流称为卡门涡流。由于两侧旋涡的旋转方向相反,所以使下游的空气产生振动。

测量出卡门涡流的频率,即可获得空气流速 u,并可以通过 $q=Au$(A 为进气管横截面积)计算进入发动机的空气体积量。测量涡流频率 f 的方法有光电式和超声波式。

超声波发射、接收器安装在卡门涡流发生器后部。卡门涡流引起空气流的密度变化(涡流中的空气密度高),超声波发生器接收到的超声波为卡门涡流调频过的疏密波,经过整形电路、检波器和低通滤波器就可以得到低频调制脉冲信号 f。进气量越多,则脉冲频率越高。

卡门涡街流量计旁边还安装有 NTC 热敏电阻式气温传感器,用于测量进气温度,以便修正因气温引起的空气密度变化。

当汽车从平原行驶到高原时,大气压力和含氧量发生变化,因此,还必须测量大气压力,以便增加进气量。大气压测量使用半导体压阻式固态传感器。由于放大电路与半导体惠斯登应变电桥一起制作在一块厚膜电路内,所以体积小,自身的温漂也很小。

空气进气量还与节气门踏板有关。驾驶员通过操作节气门踏板控制进气道的节气门开度,以改变进气流通截面积,从而控制进气量,由此控制发动机的功率。ECU 必须知道节气门的开度,才能控制喷油器的喷油量。节气门的开度是利用圆盘式电位器来检测的,油门踏板踏下时,带动电位器转轴,输出 $0\sim5$ V 的电压反馈给 ECU。

(2)燃油系统。燃油系统的作用是供给汽缸内燃烧所需的汽油。在燃油泵的作用下,汽油从邮箱吸出,再经调压器将燃油压力调整到比进气压力高 $250\sim300$ kPa,然后由分配管分配到各气缸对应的喷油器上。油压的测量也采用压阻式压力传感器。油压信号送到 ECU,ECU 根据货物载重量及爬坡度、加速度、车速度等负载条件和运行参数,调整燃油泵及喷油器中的电磁线圈通电时间(占空比),以控制喷油量。

燃油温度会影响燃油的黏稠度及喷射效果,所以通常采用 NTC(也有采用 PTC)热敏电阻温度传感器来测量油温。

现代汽车还在排气管前端安装一只氧含量传感器。当排气中的氧含量不足时,由 ECU 控制增大空燃比,改变油气浓度,提高燃烧效率,减少黑烟污染。

(3)发动机点火系统。发动机火花赛点火时刻的正确性关系到发动机输出功率、效率及排气污染等重要参数。点火提前角必须根据发动机转速来确定。

利用电磁感应原理来测量发动机曲轴角度的方法,电磁转速表的输出脉冲频率与发动机转速成正比。发动机转速越快,ECU 输出的点火时刻就必须逐渐提前,使混合油气在气缸中燃烧得更加充分,减小黑烟,并得到最大转矩。但如果提前角太大,油气可能在发动机中产生爆震,俗称"敲缸"。次数多时,易损坏发动机。新型汽车的汽缸壁上均安装有一只压力式爆震检测传感器。如果发生爆震,立即减小提前角。

在发动机缸体中还安装有一只缸压传感器,用于测量燃烧压力,以得到最佳燃烧效果。

（4）传动系统。为了检测汽车的行驶速度和里程数，ECU 将曲轴转速信号与车轮周长进行适当的换算，可以得到车速和公里数。

汽车在行驶过程中还必须保持驱动车轮在冰雪等易滑路面上的稳定性并防止侧偏力的产生，故在前后 4 个车轮中安装有车轮速度传感器。当发生侧滑时，ECU 分别控制有关车轮的制动控制装置及发动机功率，提高行驶的稳定性和转向操作性。

当汽车紧急刹车时，使汽车减速的外力主要来自地面作用于车轮的摩擦力，即所谓的地面附着力。而地面附着力的最大值出现在车轮接近抱死而尚未抱死的状态。这就必须设置一个"防抱死制动系统"又称为 ABS。ABS 由车轮速度传感器（例如霍尔传感器）、ECU 以及电-液控制阀等组成。ECU 根据车轮速度传感器来得脉冲信号控制电液制动系统，使各车轮的制动力满足少量滑动但接近抱死的制动状态，以使车辆在紧急刹车时不致失去方向性和稳定性。

（5）其他车用传感器。现代汽车中还设置了电位器式油箱油位传感器、热敏电阻是缺油报警传感器、双金属片式润滑机油缺油报警传感器、机油油压传感器、冷却水水温传感器、车厢烟雾传感器、空调自动器温度传感器、车门未关紧报警传感器、保险带未系传感器、雨量传感器以及霍尔式直流大电流传感器等。汽车在维修时还需要另外一些传感器来测试汽车的各种特性，例如 CO、氮氢化合物测试仪以及专用故障测试仪等。

课题三　传感器在数控机床上的应用

数控机床是机电一体化的典型产品，它是机、电、液、气和光等多学科的综合性组合，技术范围覆盖了机械制造、自动控制、伺服驱动、传感器及信息处理等领域。具有高精度、高效率、高柔性的特点，以数控机床为核心的先进制造技术以成为世界各发达国家加速经济发展，提高综合国力和国家地位的重要途径。

传感器在数控机床中占据重要的地位，它监视和测量着数控机床的每一步工作过程。

一、位置检测装置在进给控制中的应用

以位置检测装置为代表的传感器在保证数控机床高精度方面起了重要作用。数控机床很重要的一个指标就是进给运动的位置定位误差和重复定位误差，要提高位置控制精度就必须采用高精度的位置检测装置。

随着伺服电动机带动拖板运动，光电编码器产生与直线位移 x 成正比的脉冲信号，与数控系统运算获得的位置指令进行比较，再经信号调节和功率驱动拖动伺服电动机，经滚珠丝杠螺母副带动拖板继续做直线运动。

光电编码器的分辨率决定了工作台实际位移值的精度，从而影响到数控机床位置控

制的精度。数控机床中的一般位置测量选用增量视角编码器,重要的测量选用绝对式。

与伺服电动机同轴连接的光电编码器一方面用于测量丝杠的角位移 θ;另一方面也可用于数字测速,产生速度反馈信号 nf。

在高精度数控机床中,位置检测装置可采用直线光栅,它的测量精度比光电编码器高,但价格也较高。

光栅尺固定在床身上,扫描头随拖板运动,产生与直线位移 x 成正比的脉冲信号,该信号直接反映了拖板的实际位置值。目前,数控机床用的光栅分辨力可达 $1~\mu m$,更高精度的可达 $0.1~\mu m$。

与主轴相连的主轴编码器可用于车加工螺纹的控制。其作用是使主轴的转速与 Z 轴进给相匹配,以保证螺距的一致性。

二、接近开关在刀架选刀控制中的应用

回转刀架根据数控系统发出的刀位指令控制刀架回转,将选定的刀具定位在加工位置。刀架在回转过程中,每转过一个刀位,就发出一个信号,该信号与数控系统的刀位指令进行比较,当刀架的到位信号与指令刀位信号相符时,表示选定完成。

刀架回转由刀架电动机或回转液压缸通过传动机构来实现,刀架回转时,与刀架同轴的感应凸轮也随之旋转。

接近开关除了在刀架选刀控制外,在数控机床中还常用作工作台、液压缸及汽缸活塞的行程控制。

三、在自适应控制中的应用

数控机床的自适应控制是指在切削过程中,数控系统根据切削环境的变化,适时进行补偿及监控调整切削参数,使切削处于最佳状态,以满足数控机床的高精度和高效率的要求。

(1)温度补偿。在切削过程中,主轴电动机和进给电动机的旋转会产生热量;移动部件的移动会摩擦生热;刀具切削工件会产生切削热,凡此种种,这些热量在数控机床全身进行传导,从而造成温度分布不均匀,由于温差的存在,使数控机床产生了热变形,最终影响到零件加工精度。为了补偿掉热变形,可在数控机床的关键部位埋置温度传感器,如铂热电阻等,数控系统接收到这些信息后,进行运算、判别,最终输出补偿控制信号。

(2)刀具磨损监控。刀具在切削工件的工程中,由于摩擦和热效应等作用,刀具会产生磨损。当刀具磨损达到一定程度时,将影响工件的尺寸精度和表面粗糙度,因此实现刀具磨损的自动监控是数控机床自适应控制的重要组成部分。对刀具磨损的自动监控有多种方式,功率检测是其中之一。

随着刀具的磨损,机床主轴电动机的负荷增大,电动机的电流、电压将发生变化,导

致功率 P 改变,利用这一变化规律可实现对刀具磨损的自动监控。当功率变化到一定数值时,由功率传感器向数控系统发出报警信号,机床自动停止运转,操作者就能及时进行刀具调整或更换。

主轴电动机功率的电流、电压信息由电流传感器和电压传感器来获得,现在已可用体积更小的霍尔功率传感器来取代电流传感器、电压传感器。

四、自动保护

数控机床涉及机、电、液、气和光等各方面技术,任何一个环节出错就会影响到数控机床的正常运行。

(1)过热保护。数控机床中,需要过热保护的部位有几十处,主要是检测一些轴温、压力油温、润滑油温、冷却空气温度、各个电动机绕组温度等。例如,可在主轴和进给电动机中埋设有热敏电阻,当电动机过载、过热时,温度传感器就会发出信号,使数控系统产生过热报警信号。

(2)工件夹紧力的检测。数控机床加工前,自动将毛坯送到主轴卡盘中并夹紧,夹紧力由压力传感器检测,当夹紧力小于设定值时,将导致工件松动,这时控制系统将发出报警信号,停止走刀。

(3)辅助系统状态检测。在润滑、液压、气动等系统中,均安装有压力传感器、液位传感器、流量传感器,对这些辅助系统随时进行监控,保证数控机床的正常运行。

课题四　传感器在机器人中的应用

机器人是由计算机控制的机器,它的动作机构具有类似人的肢体以及感官的功能;动作程序灵活易变;有一定程度的智能;在一定程度上,工作时可以不依赖人的操作。机器人传感器在机器人的控制中起了非常重要的作用,正因为有了传感器,机器人才具备了类似人类的知觉功能。

一、机器人传感器的分类

机器人传感器与人类感觉有相似之处,因此可以认为机器人传感器是对人类感觉的模仿。需要说明的是,并不是表中所列的传感器都用在一个机器人身上,有的机器人只用到其中一种或几种,如有的机器人突出视觉;有的机器人突出触觉等。机器人传感器可分为内部参数检测传感器和外部检测传感器两大类。

(1)内部参数检测传感器。内部参数检测传感器是以机器人本身的坐标来确定其位置。通过内部参数检测传感器,机器人可以了解自己工作状态,调整和控制自己按照一定的位置、速度、加速度和轨迹进行工作。

回转立柱对应关节 1 的回转角度，摆动手臂对应关节 2 的俯仰角度，手腕对应关节 4 的上下摆动角度，手腕又对应关节 5 的横滚（回绕手抓中心旋转）角度，伸臂手臂对应关节 3 的伸缩长度均由位置检测传感器检测出来，并反馈给计算机，计算机通过复杂的坐标计算，输出位置定位指令，经电器驱动或气液驱动，使机器人的末端执行器—手爪最终能正确地落在指令所规定的空间点上。例如手爪夹持的是焊枪，则机器人就成为焊接机器人，在汽车制造厂中，这种焊接机器人广泛应用于车身框架的焊接；如手爪本身就是一个夹持器，则成为搬运机器人。机器人中常用的位置检测传感器角编码器等。

（2）外部检测传感器。外部检测传感器的功能是让机器人能识别工作环境，很好地执行如取物、检查产品质量、控制操作动作等，使机器人对环境有自校正和适应能力。外部检测传感器通常包括触觉、接近觉、视觉、听觉、嗅觉和味觉等传感器。

二、触觉传感器

机器人触觉可分为压觉、力觉、滑觉和接触觉等几种。

（1）压觉传感器。压觉传感器位于手指握持面上，用来检测机器人手指握持面上承受的压力大小和分布。硅电容压觉传感器阵列剖面图。

硅电容压觉传感器阵列由若干个电容器均匀地排列成一个简单的电容器阵列。

当手指握持物体时，外力作用与传感器，作用力通过表皮层和垫片层传到电容极板上，从而引起电容 C_x 的变化，其变化量随作用力的大小而变，经转换电路，输出电压给计算机，经与标准值比较后输出指令给执行机构，使手指保持适当握紧力。

（2）滑觉传感器。机器人的手爪要抓住属性未知的物体，必须对物体作用最佳大小的握持力，以保证即能握住物体不产生滑动，而又不使被抓物体滑落，还不至于因用力过大而使物体产生变形而损坏。在手爪间安装滑觉传感器就能检测出手爪与物体接触面之间相对运动（滑动）的大小和方向。常见的光电式滑觉传感器只能感知一个方向的滑觉（称一维滑觉），若要感知二维滑觉可采用球形滑觉传感器。

该传感器有一个可自由滚动的球，球的表面是用导体和绝缘体按一定规格布置的网格，在球表面安装有接触器。当球与被握持物体相接触时，如果物体滑动，将带动球随之滚动，接触器与球的导电区交替接触从而发出一系列的脉冲信号 uf，脉冲信号的个数及频率与滑动的速度有关。球形滑觉传感器所测量的滑动不受滑动方向的限制，能检测全方位滑动。在这种滑觉传感器中，也可将两个接触器改用光电传感器代替，滚球表面制成反光和不反光的网格，可提高可靠性，减少磨损。

（3）PVDF 接触觉传感器。有机高分子聚二氟乙烯（PVDF）是一种具有压电效应和热释电效应的敏感材料，利用 PVDF 可以制成接触觉、滑觉、热觉的传感器，是人们用来研制仿生皮肤的主要材料。PVDF 薄膜厚度只有几十微米，具有优良的柔性及压电特性。

当机器人的手爪表面开始接触物体时,接触时的瞬时压力使 PVDF 因压电效应产生电荷,经电荷放大器产生脉冲信号,该脉冲信号就是接触觉信号。

当物体相对于手爪表面滑动时引起 PVDF 表层的颤动,导致 PVDF 产生交变信号,这个交变信号就是滑觉信号。

当手爪抓住物体时,由于物体与 PVDF 表层有温差存在,产生热能的传递,PVDF 的热释电效应使 PVDF 极化,而产生相应数量的电荷,从而有电压信号输出,这个信号就是热觉信号。

三、其他类型的机器人传感器

1. 接近觉传感器

接近觉传感器用于感知一定距离内的场景状况,所感应的距离范围一般为几毫米至几十毫米,也有可达几米。接近觉为机器人的后续动作提供必要的信息,供机器人决定以怎样的速度逼近对象或避让该对象。常用的接近觉传感器有电磁式、光电式、电容式、超声波式、红外式、微波式等多种类型。

(1)光电式接近觉传感器。光电式接近觉传感器采用发射—反射式原理。这种传感器适合于判断有无物体接近,而难于感知物体距离的数值。另一个不足之处是物体表面的反射率等因素对传感器的灵敏度有较大的影响。

(2)超声波式接近觉传感器。超声波式接近觉传感器既可以用一个超声波换能器兼做发射和接收器件;也可以用两只超声波换能器,一只作为发射器,另一只作为接收器。超声波接近觉传感器除了能感知物体有无外,还能感知物体的远近距离,超声波接近觉传感器最大的优点是不受环境因素(如背景光)的影响,也不受物体材料、表面特性等限制,因此适用范围较大。

2. 视觉传感器

机器人也需要具备类似人的视觉功能。带有视觉系统的机器人可以完成许多工作,如判断亮光、火焰、识别机械零件、进行装配作业、安装修理作业、精细加工等。在图像技术处理方面已经由一维信息处理发展到二维、三维复杂图像的处理。将景物转换成电信号的设备是光电检测器,最常用的光电检测器是固态图像传感器。固态图像传感器主要是面阵 CCD 传感器,它还能分辨彩色信息。

安装有视觉传感器的机器人可应用于汽车的喷漆系统中,能使末端执行器—喷漆枪跟随物体表面形状的起伏不断变换姿态,提高喷漆质量和效率。

课题五　传感器在智能楼宇中的应用

自 1984 年美国建成第一座智能楼宇以来,智能楼宇在世界各国建筑物中的比例越来越大。智能楼宇或智能建筑是信息时代的产物,是计算机及传感器应用的重要方面。20 世纪 90 年代,人们利用系统集成方法,将计算机技术、通信技术、信息技术、传感器技术与建筑技术有机地结合起来,通过对楼宇中的各种设备进行自动监控,对信息资源的管理、对使用者的信息服务及建筑物三者进行优化组合,使智能楼宇具有安全、高效、舒适、便利、灵活的特点。智能楼宇包括五大主要特征:楼宇自动化(BA)、防火自动化(FA)、通信自动化(CA)、办公自动化(OA)、信息管理自动化(MA)。

上述 5A 特征通过布线综合化来实现。综合布线系统犹如智能楼宇内的一条高速公路,人们可以在土建阶段,将连接 5A 的线缆综合布线到建筑物内,然后可根据用户的需要及时代的发展,安装或增设其他系统。智能楼宇的管理、监控。

人们对智能化建筑的要求包括以下几个方面:

(1) 高度安全性的要求,包括防火、防盗、防爆、防泄漏等。

(2) 舒适的物质环境与物理环境。

(3) 先进的通信设施与完备的信息处理终端设备。

(4) 电气与设备的自动化及智能化控制。

智能楼宇采用网络化技术,把通信、消防、安防、门禁、能源、照明、空调、电梯等各个子系统一到设备监控站(IP 网络平台)上。集成的楼宇管理系统能够使用网络化、智能化、多功能化的传感器和执行器,传感器和执行器通过数据网和控制网控制起来,与通信系统一起形成整体的楼宇网络,并通过宽带网与外界沟通。

在上述智能楼宇的基础上,还可将智能的内涵扩大到周边的其他楼房,形成智能小区。智能小区对小区建筑群的 4 个基本要素(结构、系统、服务、管理)进行优化设计,提供一个投资合理,又拥有高效率、舒适、便利、安全的办公、居住环境。智能小区系统可具体分解成以下几个子系统:智能停车场、电子巡更、周边防范、抄表平台、煤气监视、智能门禁、楼宇可视对话系统、公共广播等。相信随着计算机与传感器技术的发展,今后人们的生活品质将越来越高。下面简要介绍传感器在智能楼宇中的几个典型应用。

一、空调系统的监控

空调系统的监控的目的是:既要提供温湿度适宜的环境,又要求节约能源。其监控范围为制冷机、热力站、空气处理设备(空气过滤、热湿交换)、送排风系统、变风量末端(送风口)等。

现代空调系统均具有完整的制冷、制热、通风(暖通)功能,它们都在传感器和计算机的监控下工作。

在制冷机和热力站的进出口管道上,均须设置温度、压力传感器,系统根据外界气温的变化,控制它们的工作;在新风口和回风口处,须安装差压传感器。当它们的过滤网堵塞时,压差开关动作,给系统发出报警信号;在送风管道上,须安装空气流量传感器,当风量探头在空气处理设备开动后仍未测得风量时,将给系统发出报警信号;在回风管中,须安装温度传感器,当回风温度低于设定值时,系统将开启加湿装置;在各个房间内须安装 CO_2 和 CO 传感器,当房间内的空气质量趋向恶劣时,将向智能楼宇的计算机中心发出报警信号,以防事故发生;在各个办公室内还可以安装热释电人体检测传感器,当该房间内长时间没有人活动迹象时,自动关闭空调器。也可以设定为在早晨自动启动空调系统,在下班后关闭空调系统。当然,在人工干预时,也可改变这一设定。

二、给排水系统

给排水系统的监控和管理也是由现场监控站和管理中心来实现,其最终目的是实现管网的合理调度。也就是说,无论用户水量怎样变化,管网中各个水泵都能及时改变其运行方式,保持适当的水压,实现泵房的最佳运行;监控系统还随时监视大楼的排水系统,并自动排水;当系统出现异常情况或需要维修时,系统将产生报警信号,通知管理人员处理。给排水系统的监控主要包括水泵的自动启停控制、水位流量、压力的测量与调节;用水量和排水量的测量;污水处理设备运转的监视、控制、水质监测;节水程序控制;故障及异常状况的记录等。现场监控站内的控制器按预先编制的软件程序来满足自动控制的要求,即根据水箱和水池的高、低水位信号来控制水泵的启、停及进水控制阀的开关,并且进行溢水和停水的预警等。当水泵出现故障时,备用水泵则自动投入工作,同时发出报警信号。

三、火灾监视、控制系统

火情、火灾报警传感器主要有感烟传感器、感温传感器以及紫外线火焰传感器。从物理作用上区分,可分为离子型、光电型;从信号方式区分,可分为开关型、模拟型及智能型。在重点区域必须设置多种传感器,同时对现场的火情加以检测,以防误报警,还应及时将现场数据经控制网络向控制系统汇总。获得火情后,系统就会采取必要的措施,经通信网络向有关部门报告火情,并对楼宇内的防火卷帘门、电梯、灭火器、喷水头、消防水泵、电动门等联动设备下达启动或关闭的命令,以使火灾得到及时控制,还应起动公共广播系统,引导人员疏散。

四、门禁、防盗系统

出入口控制系统又称门禁管理系统,是对楼宇内外的出入通道进行智能管理的系统,门禁系统属公共安全系统范畴。在楼宇内的主要管理区、出入口、电梯内、主要设备控制中心机房、贵重物品的库房等重要部位的通道口,安装门禁控制装置,由中心控制室监控。

各门禁控制单元一般由门禁读卡模式、智能卡读卡器、指纹识别器、电控锁或电动闸门、开门按钮等系统部件组成。人员通过受控制的门或通道时,必须在门禁读卡器前出示代表其合法身份的授权卡、密码后才能通行。

楼宇内应设置紧急按钮或脚动开关等报警装置。当出现紧急情况,如当发生强行开门(称为入侵报警)、非善意闯入、突发疾病、遭遇持械抢劫时,可实现紧急报警。当发生火警时,系统自动取消全部的门禁控制,并打开紧急疏散通道门。

智能楼宇通常在重要通道上方安装电视监控系统。电视监控系统也属公共安全管理系统范畴,在人们无法或不宜直接观察的场合,实时、形象和真实地反映被监视的可疑对象画面。一台监视器可分割成十几个区域,以供工作人员观察十几个 CCD 摄像探头的信号,并自动将画面存储于计算机的硬盘内。当画面静止不变时,所占用的字节数很少,可存储一个月以上的画面;当画面发生变化时,可给工作人员发出提示信号。使用计算机还便于调阅在此期间任何时段的画面,还可放大、增亮、锐化有关的细节。

在一些无人值守的部位,根据重要程度和风险等级要求,例如金融、贵重物品库房、重要设备机房、主要出入口通道等进行周界或定方位保护。周界和定方位保护可同时使用压电、红外、微微波、激光、振动、玻璃破碎等传感器。高灵敏度的检测器获得侵入物的信号,以有线或无线的方式传送到中心控制值班室,在建筑模拟图形屏上显示出报警位置,使值班人员能及时、形象地获得发生事故的信息。

五、电梯的运行管理

电梯是智能楼宇的重要设备。电梯的使用对象是人,因此必须确保万无一失。在电梯运行管理中,传感器起到十分重要的作用,下面介绍传感器在电梯中的应用。

电梯是机械、电气紧密结合的产品,有垂直升降式和自动扶梯两大类。

轿厢是乘人、运货的设备,平常所说的乘电梯,就是进入轿厢,并随其上下而到达所要求的楼层。轿厢的上下运动是由电动机、拽引机、拽引轮和配重装置配合完成的。电动机带动拽引机运转拖动轿厢和配重做相对运动,并保持平衡。轿厢上升,配重下降;轿厢下降,则配重上升,于是,轿厢就沿着导轨在井道中上下运行。

在电梯中,有很多检测装置用于电梯控制,如电梯的平层控制、选层控制、门系统控制等。下面就传感器在电梯门入口处的安全保护和选层控制简单介绍。

1. 入口安全保护

电梯门有层门和轿门之分,层门设在每层的入口处,在层门旁有指示往上、往下的按钮;轿门设在轿厢靠近层门的一侧,供乘客或货物进出。开门电动机通过带轮和曲柄摇杆机构推动左右两扇轿门完成开门行程。当电梯在预定的楼层平层停靠时,轿门通过门刀、门锁等装置带动层门运动,从而实现轿门和层门的同步开关。层门和轿门的关闭是同步进行的,为保证乘客或货物的安全,在电梯门的入口处都带有安全保护装置。

（1）光电式保护装置。光电式保护装置是在轿门边上安装两道水平光电装置,选用对射式红外光电开关,对整个开门宽度进行检测,在轿门关闭的过程中,只要遮断任一道光路,门都会重新开启,待乘客进入或离开轿厢后才继续完成关闭动作。

（2）防夹条。当发生乘客的手或脚还未完全进入轿厢,光电、超声传感器未起作用时,手或脚就有被轿门夹住的危险,这时必须立即重新打开轿门。在两扇轿门的边沿,各安装了一根防夹条。防夹条内部是有两根距离很近的金属条,其长度和轿门相等,外面用柔软的橡胶包裹。当乘客被夹时,两根金属发生短路,向电梯的控制系统发出报警信号,轿门和层门立即微开一段距离,待报警消除后在重新关闭。

2. 选层控制

乘客进入轿厢后,就要在控制面板上输入所要到达楼层的数字,控制电梯的计算机必须知道电梯所处的位置,才能正确指层,选择减速点,正确平层。目前不少电梯通过光电脉冲编码器来实现测距。

拽引电动机旋转后,编码器即输出脉冲,脉冲数正比于电梯运行的距离。例如,电梯上升到 3 楼,设 3 楼距地面对应 9 000 个脉冲,减速点设定在 7 000 个脉冲,当电梯从地面往上运行时,PLC 即开始计数。当计数到 7 000 个脉冲时,发出减速指令,于是电梯慢速上行,当计数到 9 000 个脉冲时,发出停止指令,电梯便停在 3 楼层面。

在电梯运行过程中,因钢丝绳打滑等原因会引起计数误差,即电梯实际运行的距离与对应的计数脉冲不符。如上例中,理论上,3 楼距地面的距离对应为 9 000 个脉冲。由于打滑,在到达 3 楼时多计了 100 个脉冲,实际输出 9 100 个脉冲。因此,必须在井道中设置校正装置,以免多层进行时产生误差累计。校正传感器通常可采用电感接近开关、干簧管或其他开关元件。如上例中,当电梯到达 3 楼时,必须将 PLC 中的计数器置为代表该层的 9 000 脉冲,这样就避免了误差累计。

轿厢还需要设置平层装置,即开门时,轿厢的踏板必须与楼层的地面在同一平面上。平层传感器与校正传感器配合使用。电梯平层时,PLC 根据传感器发出平层信号令刹车装置动作,使轿厢准确地停止。平层传感器在安装时必须上下微调并紧固。

参考文献

[1] 梁森,欧阳三泰,王侃夫.自动检测技术及应用.北京:机械工业出版社,2008.

[2] 李娟.传感器与检测技术.北京:冶金工业出版社,2009.

[3] 穆亚辉.传感器与检测技术.长沙:国防科技大学出版社,2010.

[4] 黄鸿.吴石增.传感器及其应用技术.北京:北京理工大学出版社,2008.

[5] 吴旗.传感器与自动检测技术.北京:高等教育出版社,2006.

[6] 周继明,江世明.传感器技术与应用.长沙:中南大学出版社,2005.

[7] 张靖,刘少强.检测技术与系统设计.北京:中国电力出版社,2007.

[8] 宋健.传感器技术及应用.北京:北京理工大学出版社,2007.

[9] 王元庆.新型传感器原理及应用.北京:机械工业出版社,2002.

[10] 王绍纯.自动检测技术.北京:冶金工业出版社,2001.

[11] 陈守仁.自动检测技术.北京:机械工业出版社,2001.

[12] 张如一.应变电测与传感器.北京:清华大学出版社,1999.

[13] 梁南丁.检测技术.郑州:河南科学技术出版社,2006.

[14] 徐科军.传感器与检测技术.北京:电子工业出版社,2006.

[15] 于彤.传感器原理及应用.北京:机械工业出版社,2008.

[16] 王君,凌振宝.传感器原理及检测技术.长春:吉林大学出版社,2003.

[17] 魏水广,刘存.现代传感技术.北京:中国铁道出版社,2001.

[18] 祝诗平.传感器与检测技术.北京:中国林业出版社,2008.

[19] 张洪润,张亚凡.传感技术与应用教程.北京:清华大学出版社,2005.

[20] 杨宝清.现代传感技术.沈阳:东北大学出版社,2001.